Seidler/Horniak

·

Vorsicht alle!

W0071959

Expert-Update Nr. 2 - zur Nachahmung empfohlen.

„Diversity Management (DiM) ist ein strategischer Management-
ansatz zur gezielten Wahrnehmung und Nutzung der Vielfalt von
Personen und relevanten Organisationsumwelten bzw. Stakeholdern,
um strukturelle und soziale Bedingungen zu schaffen, unter denen
alle Beschäftigten ihre Leistungsfähigkeit und -bereitschaft zum
Vorteil aller Beteiligten und zur Steigerung des Organisations-
erfolges entwickeln und entfalten können."

Zitiert aus ÖNORM S2501/Ausgabe 2008-01-01:
Diversity-Management – Allgemeiner Leitfaden über
Grundsätze, Systeme und Hilfsinstrumente
(Medieninhaber und Hersteller: ON Österreichisches Normungsinstitut,
Austrian Standards Institute, Heinestraße 38, 1020 Wien)

Mit freundlicher Unterstützung der

Sabine Seidler • Günter Horniak

Vorsicht alle!

*Diversity Management
für eine gesunde und sichere
Zusammenarbeit
unterschiedlicher Kulturen,
Geschlechter, Religionen …*

Bibliografische Information Der Deutschen Nationalbibliothek

Die Deutsche Nationalbibliothek verzeichnet diese Publikation in der Deutschen Nationalbibliografie; detaillierte bibliografische Daten sind im Internet
über http://dnb.d-nb.de abrufbar.

Bild- und Textnachweis: Sabine Seidler, Günter Horniak (Die verwendeten
Bilder, Grafiken und Logos wurden zur Verfügung gestellt. Weitere Quellen
und Bildnachweise in den Bildunterschriften)
Grafik & Layout: SOLTÉSZ.
Umschlaggestaltung: Oliver Zehner Media Design
DiversityLine®: Konzept: Margarethe Bitzer (www.diversityline.at)
Printed in Austria, auf FSC-zertifiziertem Munken Print Cream
ISBN 978-3-7089-1094-9

Vorwort

Frauen und Männer jeden Alters, jeder Herkunft, jeder physischen und psychischen Verfasstheit u.v.m. - alle haben einen großen Anteil am Arbeitsleben und finden sich in den facettenreichen „*Dimensionen der Vielfalt*" wieder.

Eine der Kernaufgaben der AUVA ist es, im Rahmen des ArbeitnehmerInnenschutzes und der Prävention Menschen vor arbeitsbedingten Unfällen und Krankheiten zu schützen. Im Rahmen unserer zweijährigen Kampagne „*Partnerschaft für Prävention – Gemeinsam sicher und gesund*" wurden beispielsweise alle Beschäftigtengruppen einschließlich der Führungskräfte über Möglichkeiten informiert, wie Sicherheit und Gesundheit in einem Unternehmen vorangetrieben werden kann: durch gegenseitige Wertschätzung, Hilfestellung und Achtsamkeit im betrieblichen Alltag.

Dieses Buch richtet sich insbesondere an Führungskräfte und PräventionsexpertInnen, die mehr als das bisher Bekannte über die Zusammenhänge zwischen den „*Dimensionen der Vielfalt*" und dem Wirkungsgrad des ArbeitnehmerInnenschutzes und der Prävention erfahren wollen. Die sechs Dimensionen des Diversity Managements werden dabei in direkten Bezug zu erfolgreichen Sicherheits- und Präventionsmaßnahmen gesetzt und anschaulich dargestellt. Wie kann an sprachliche Herausforderungen herangegangen werden? Welches Potenzial steckt in einer „vielfältigen Belegschaft"? Welche Erfolgsgeschichten lassen sich schon jetzt erzählen? Diese und zahlreiche andere Fragen beantwortet Ihnen das vorliegende Buch „Vorsicht alle!".

DI Georg Effenberger
Abteilungsleiter Prävention
AUVA

Mag.ᵃ Barbara Libowitzky
Kampagnenleiterin
AUVA

Danksagung

Die AutorInnen bedanken sich bei all jenen, die an der Fertigstellung des Manuskripts mitgewirkt haben. Unser Dank gilt den Organisationen, die uns einen Einblick in ihr Diversity Management gewährt haben; den zahlreichen InterviewpartnerInnen, die uns mit ihren Erkenntnissen und Fragen inspiriert haben; dem Verlag Facultas, Peter Wittmann und unserer Lektorin Verena Hauser, die das Manuskript professionell in ein fertiges Buch verwandelt haben, unseren Familien, FreundInnen und beruflichen WeggefährtInnen, die Quelle von Vielfalt und Inspiration für uns sind.

Sabine Seidler & Günter Horniak

Inhalt

7

Einleitung

Diversity Management für Gesundheit, Sicherheit und Prävention

Dieses Buch unterscheidet sich von anderen Sachbüchern zum Thema Diversity Management (DiM). Es bezieht sich nicht nur auf die Handlungsfelder, die dabei helfen sollen, Diversity Management in einem Unternehmen zu implementieren, sondern auch darauf, was Diversity Management in Bezug auf *Gesundheit, Sicherheit und Prävention* für Unternehmen leisten kann.

Andersartigkeit und Vielfalt als Bereicherung

Diversität nimmt gesellschaftlich zu und wird aus verschiedenen Gründen in modernen Organisationen immer bedeutsamer.

Diversität meint dabei das Ausmaß an Unterschieden zwischen den Mitgliedern einer Gruppe, eines Teams, einer Abteilung, einer Organisation etc. Diese Unterschiede können aus unterschiedlichen Dimensionen resultieren (z. B. Alter, Geschlecht, ethnische Zugehörigkeit, Religion, Beruf, Bildung). Mehrere dieser Dimensionen können auch gleichzeitig relevant sein. Die bestehenden Unterschiede werden dabei von den Betroffenen jedoch nicht immer als relevant erachtet. Je nachdem, welche Form von Diversität wahrgenommen wird, kann es dabei zu unterschiedlichen Effekten kommen.

So kann nach Sebastian Stegmann (Goethe Universität, Dissertation 2011) Diversität zu einer besseren Performance, einem erhöhten Innovationsgrad, zu einem verbesserten Klima und mehr Arbeitsengagement führen. Auf der anderen Seite kann Diversität natürlich auch zu einem Anstieg von Komplexität, Unsicherheitsfaktoren und Konflikten führen. Daher ist das Management von Diversität wichtig. Die Wahrnehmung und das Managen der Vielfalt sind jedoch (noch) nicht selbstverständlich. Die Lösung heißt aber nicht, alle gleich zu behandeln und Unterschiede zu minimieren, denn dabei würde Diversität verloren gehen. Diversität kann dann entfaltet werden, wenn Andersartigkeit und Vielfalt als Bereicherung geschätzt werden. Andere sind gleichwertig, nicht gleich. Auf dieser Basis kann aufgebaut und Diversität genutzt werden.

Diversity Management als Erfolgsfaktor in gesundheits- und sicherheitsrelevanten Aspekten

Sowohl die Themen Gesundheit und Sicherheit als auch das Thema Arbeit bewegen seit jeher die Menschen und sie beeinflussen sich auch wechselseitig. Für eine Arbeitgeberin/einen Arbeitgeber ist es daher von Bedeutung, zur Gesundheit und Gesunderhaltung der vielfältigen MitarbeiterInnen beizutragen. Der demografische Wandel verstärkt diese Notwendigkeit.

Dabei müssen ArbeitgeberInnen nicht nur die besonderen An- und Herausforderungen der jeweiligen Tätigkeiten beachten, sondern vor allem den Menschen, der diese Tätigkeit ausübt, in den Mittelpunkt rücken. Diversity Management ist dabei ein strategischer Zugang, der aufzeigt, dass es nicht gleichgültig ist, ob es sich um eine Frau oder einen Mann, einen jungen oder einen älteren Menschen handelt oder welcher Ethnie oder Religion ein Mensch angehört. Mit der Verknüpfung von Mensch, Arbeit und Gesundheit kann Diversity Management dabei unterstützen, MitarbeiterInnen an ihrem Arbeitsplatz gesund zu erhalten. Das ist ein Vorteil für alle.

Warum ist das so wichtig?

Die systematische Berücksichtigung von Sicherheit und Gesundheit bei der Arbeit zahlt sich aus. Nicht nur für das Betriebsklima, sondern vor allem durch die Reduzierung von Leid, aber auch Kosten durch Ausfallzeiten. Diversity Management kann dabei helfen, Gesundheits- und Präventionsarbeit durch geeignete Lösungen optimal an die jeweiligen Bedingungen des Unternehmens anzupassen.

Gesundheit und Lebenszufriedenheit

Wie wichtig Gesundheit für die Lebensqualität bzw. die Gesamtlebenszufriedenheit der Menschen ist, zeigt das Ergebnis der Befragungen für den Report „Wie geht's Österreich?" (WgÖ) der Statistik

Austria. Insgesamt waren 79 Prozent der in Österreich lebenden Personen im Jahr 2012 mit ihrem Leben sehr oder ziemlich zufrieden, nur 2 Prozent waren mit ihrem Leben ziemlich oder sehr unzufrieden. 92 Prozent der sehr oder ziemlich zufriedenen Personen gaben einen sehr guten Gesundheitszustand an. 31 Prozent der sehr unzufriedenen Menschen gaben einen sehr schlechten Gesundheitszustand an.

Die Untersuchung zeigt auch, dass jene Personen signifikante Zuwächse in der Lebenszufriedenheit aufwiesen, die eine Verbesserung des Gesundheitszustandes erfuhren. Umgekehrt trugen insbesondere Verschlechterungen des Gesundheitszustandes zu einem signifikanten Rückgang der Lebenszufriedenheit bei. (Quelle: bit.ly/HsSKYz)

Diversity Management in Kürze

Gewinn für MitarbeiterInnen, Unternehmen und Gesellschaft

Soziale Vielfalt ist ein Merkmal unserer Gesellschaft. Sie macht unser Leben bunter, kreativer – und schafft Vorteile, aber auch Herausforderungen. Vor allem auch für Unternehmen. Vielfalt sollte zu einem fixen Bestandteil der Unternehmensstrategie und -werte gemacht werden. Den systematischen Prozess der Wahrnehmung, Berücksichtigung und Integration von Vielfalt bezeichnet man als „Diversity Management".

Aufgabe von Diversity Management ist es, eine wertschätzende Organisationskultur zu schaffen, in der sich die MitarbeiterInnen entwickeln und ihre Kompetenzen entfalten können.

Respekt, Wertschätzung und Gesundheit

Beim Diversity Management geht es also nicht (nur) um Antidiskriminierung, Gleichberechtigung oder Integration von Randgruppen oder Minderheiten. Vielmehr geht es um einen proaktiven Umgang mit der Verschiedenheit der Menschen. Die Vielfalt der Menschen im Unternehmen muss als ein Erfolgsfaktor verstanden und anerkannt werden.

Das wird durch die Schaffung von geeigneten Rahmenbedingungen und eine aktive Wertschätzung erreicht. Nur dann kann ein Arbeitsumfeld entstehen, in dem MitarbeiterInnen – aber auch KundInnen – ihre Persönlichkeit leben können, weil sie sich als Mensch (wert-)geschätzt, akzeptiert und respektiert fühlen. Zudem reduziert ein solches Arbeitsumfeld auch die psychischen und durch die individuellere Betrachtungsweise oft auch die physischen Belastungen und trägt damit aktiv zur Gesunderhaltung der MitarbeiterInnen bei.

Sechs Kerndimensionen im Diversity Management

Diversity Management bezieht sich in der Regel auf sechs sogenannte Kerndimensionen: Alter, Behinderung, Geschlecht (Gender), sexuelle Orientierungen, Ethnie und Religion. Diese Kerndimensionen haben die Eigenschaft, dass sie bedeutende Bestandteile der sozialen und kulturellen Identität sind – und daher für einen Menschen nicht bzw. nur sehr schwer aus eigener Kraft zu ändern sind. In weiterer Folge gibt es auch eine Unterteilung in „sichtbare" und „nicht sichtbare" Dimensionen. Als „sichtbar" gelten Alter, Behinderung, Geschlecht und Ethnie, als „nicht sichtbar" Religion und sexuelle Orientierungen.

Gesamthaft denken

In den meisten Unternehmen werden Maßnahmen oft nur in ein, zwei dieser Dimensionen gesetzt. Ziel sollte es aber sein, alle sechs Kerndimensionen zu berücksichtigen. Denn Menschen sind nie nur von einer Kerndimension betroffen! Auch bei Benachteiligungen treffen oft unterschiedliche Formen zusammen, wie z. B. sehr oft bei Geschlecht/Ethnie, Alter/Behinderung, Religion/Geschlecht usw. Es ist also ein (dimensions-)übergreifendes Denken notwendig.

In der Realität macht es aber durchaus Sinn, zu Beginn Schwerpunkte in den für ein Unternehmen wichtigsten Dimensionen zu setzen. Dennoch sollten die anderen Handlungsfelder nicht zur Seite gelegt werden, sondern zumindest zu einem späteren Zeitpunkt eingehender betrachtet werden.

Information zu unseren Weblinks

Sie finden in diesem Buch eine Reihe von Verweisen, die zu Webseiten führen. Oft sind diese sehr lang und mühsam einzutippen, daher haben wir diese als sogenannte „Kurzlinks" angeführt, die mit bit.ly/... beginnen. Bitte beachten Sie beim Abtippen der gekürzten Links die Groß- und Kleinschreibung.

Bei einfachen und leicht zu merkenden Adressen führen wir die Originaladresse an.

Sabine Seidler & Günter Horniak
AutorInnen

Gesundheit und Diversity Management

DiM – die tragende Säule in der ganzheitlichen Sicherheits- und Gesundheitsarbeit

Vor allem unter dem Gesichtspunkt, dass der klassische ArbeitnehmerInnenschutz mit hohen Standards in den Betrieben schon recht gut etabliert und umgesetzt ist, braucht es neue, ganzheitliche und nachhaltige Ansätze, um eine weitere Verbesserung zu erreichen. Auch die Veränderungen in der Unfall- und Gesundheitslandschaft verlangen nach innovativen Ansätzen. Laut Statistiken kommt es z. B. gegenwärtig häufiger zu Freizeitunfällen als zu Arbeitsunfällen und bei ca. 90 Prozent der Krankenstände handelt es sich um gesundheitsbezogene Krankenstände. Dazu gehören neben Infekten und Erkrankungen des Bewegungsapparates immer häufiger Krebs und Ausfälle aufgrund von Burnout. Bei diesen körperlich und psychisch verursachten Fehlzeiten kann das Unternehmen ansetzen und Ausfallzeiten reduzieren.

Das abgebildete Modell von Ernst Heidenreich, Präventionsexperte/AUVA, vermittelt dabei die tragende Säule des Diversity

Ganzheitliche Sicherheits- und Gesundheitsarbeit			
Arbeitsfähigkeit erhalten	Arbeitsfähigkeit fördern	Arbeitsfähigkeit (wieder) herstellen	Diversität als Chance nutzen
„klassischer" Arbeitnehmerinnen-schutz (ANS)	Betriebliche Gesundheitsförderung (BGF)	Integration Betriebliches Eingliederungs-management (BEM) und Inklusion	Diversity Management (DiM) Gender Mainstreaming (GM)

Betriebliches Sicherheits- und Gesundheitsmanagement (SGM) mit gemeinsamer Steuerung aller 4 Säulen

Managements im Rahmen einer „Ganzheitlichen Betrieblichen Sicherheits- und Gesundheitsarbeit".

Diversity Management (DiM) hat dabei einen ganz wesentlichen Einfluss auf die drei anderen Säulen – den „klassischen" ArbeitnehmerInnenschutz, die betriebliche Gesundheitsförderung (BGF) sowie Integration (BEM – Betriebliches Wiedereingliederungsmanagement) und Inklusion. Denn bei DiM geht es darum, in den jeweiligen Präventionsebenen die entsprechend richtigen Maßnahmen zu setzen.

Beispiel für das übergreifende Wirken von DiM: Auf der Präventionsebene „klassischer AN-Schutz" ist es bei der Unfallverhütung bei jugendlichen ArbeitnehmerInnen wesentlich, diese in ihrer Sprache anzusprechen. DiM schafft die Sensibilität, das zu erkennen.

Auf der dritten Präventionsebene „Integration" schafft DiM das Verständnis für die besonderen „menschlichen" Rahmenbedingungen bei einer Wiedereingliederung oder beim Vorliegen einer Behinderung.

Beispiel für das Wiederherstellen der Arbeitsfähigkeit: Hier unterstützt Diversity Management vielfältig.

- Siehe auch Kapitel „Dimension Alter": Junge beim Wiedereintritt z. B. nach einem Präsenzdienst
- Siehe Kapitel „Dimension Behinderung": Behinderung nach einem Unfall
- Siehe Kapitel „Dimension Geschlecht": Rückkehr aus der Karenz

Beispiel für den ArbeitnehmerInnenschutz: Wenn das Unternehmen bisher einen „weißen, inländischen, männlichen Durchschnittsarbeitnehmer" als Maßstab für Arbeitsschutzmaßnahmen herangezogen hat, erreicht es seine vielfältigen MitarbeiterInnen nur begrenzt.

DiM richtet den Blick auf Vielfalt und zeitgemäße Trends und schafft dadurch innovative Lösungen im ArbeitnehmerInnenschutz. Ausgehend von einem betrieblichen Sicherheits- und Gesundheitsmanagement können daher mit dem Blick auf die vier Säulen ganzheitliche Maßnahmen abgeleitet werden.

Dabei ist es wichtig,

- dass Führungskräfte ihre lang- und kurzfristigen Ziele (unter DiM-Aspekten) definieren, Ressourcen schaffen und nachhaltige Maßnahmen initiieren.
- dass in den jeweiligen Säulen ExpertInnen (mit DiM abgestimmte) Maßnahmen planen, umsetzen und darüber hinaus einen „säulenübergreifenden" Austausch vorantreiben.
- dass Partizipationsinstrumente (nach DiM-Kriterien) eingesetzt werden, wie z. B. MitarbeiterInnenbefragungen, Sicherheits- und Gesundheitszirkel oder Arbeitssituationsanalysen, und der Bedarf der Beschäftigten ermittelt wird. Die Beschäftigten sollen als ExpertInnen ihrer jeweiligen Arbeitsplätze angesehen werden und in diesem Sinne ihre Erfahrungen einbringen und Verantwortung für die Gestaltung von Arbeitsplatz und -organisation übernehmen können.
- dass Maßnahmen zur betrieblichen Sicherheits- und Gesundheitsförderung in einem Prozess kontinuierlicher Verbesserung (nach DiM-Kritierien) organisiert werden.
- dass Maßnahmen in allen vier Säulen und säulenübergreifend dauerhaft im Unternehmen verankert werden.

Daher ist es auch von wesentlicher Bedeutung, dass die verantwortlichen bzw. involvierten Personen des ArbeitnehmerInnenschutzes, wie ArbeitsmedizinerInnen, Arbeits- und OrganisationspsychologInnen, Sicherheitsfachkräfte sowie Fachkräfte der betrieblichen Gesundheitsförderung, über DiM-Wissen verfügen und DiM-ExpertInnen bewusst in ihre betrieblichen Sicherheits- und Gesundheitsmaßnahmen einbinden.

Übernehmen Unternehmen Verantwortung?

Nachhaltigkeit und CSR

Unternehmen, denen es wichtig ist, dass ihre MitarbeiterInnen gesund sind und bleiben, verhalten sich verantwortungsbewusst. Ebenso wie Diversity Management eines der Tätigkeitsfelder von Unternehmen ist, die gesellschaftliche Verantwortung wahrnehmen möchten. Beides ist (auch für den Geschäftserfolg) nachhaltig. Oder einfacher ausgedrückt: vernünftig.

Der Begriff „Nachhaltigkeit" wird in diesen Tagen sehr strapaziert. Jede/r spricht davon. Lebensmittel, Gebäude, Fahrzeuge und Politik – alle wollen nachhaltig sein. Auch Unternehmen weisen ihre MitarbeiterInnen, KundInnen und die Gesellschaft darauf hin, wie wichtig ihnen Nachhaltigkeit ist, und veröffentlichen bunte Berichte mit Fotos von süßen Kindern. In wenigen Berichten findet man jedoch Maßnahmen, die auf eine glaubhafte nachhaltige Entwicklung des Unternehmens hinweisen. Aber was ist mit „Nachhaltigkeit" überhaupt gemeint?

Genau genommen ist es ein Begriff aus der Forstwirtschaft. Hans Carl von Carlowitz, ein Oberberghauptmann, wurde 1645, drei Jahre vor dem Ende des Dreißigjährigen Krieges, geboren. Als die Holzressourcen, der wichtigste Rohstoff der damaligen Zeit, immer knapper wurden, formulierte er 1713 als Erster das Prinzip der Nachhaltigkeit:

„Schlage nur so viel Holz ein, wie der Wald verkraften kann! So viel Holz, wie nachwachsen kann!"
(Carl von Carlowitz)

Gemeint war: Es dürfe immer nur so viel abgeholzt werden, wie durch planmäßige Aufforstung und durch Säen und Pflanzen von Bäumen nachwachsen könne. Damit veränderte von Carlowitz nicht nur die Forstwirtschaft (bis heute), sondern schuf die Maxime der Nachhaltigkeit: von den Zinsen zu leben und nicht vom Kapital (um es in der Wirtschaftssprache auszudrücken). Anders gesagt bedeutet dies nichts anderes, als vom Ertrag und nicht von der Substanz zu leben bzw. nicht die Kuh zu schlachten, wenn man Milch haben möchte. Noch vereinfachter: nicht am eigenen Ast zu sägen.

Der Brundtland-Bericht

Rund 270 Jahre später, mit dem Erscheinen des Brundtland-Reports im Jahr 1987, fand das Wort „Nachhaltigkeit" Einzug in den allgemeinen Sprachgebrauch. Gro Harlem Brundtland war zu dieser Zeit Ministerpräsidentin von Norwegen und zugleich Vorsitzende einer Kommission der Vereinten Nationen (UNO). Diese Kommission stellte sich eine wesentliche Frage: Wie können wir (die Menschheit) uns weiterentwickeln und trotzdem die Umwelt schützen? Als Ergebnis wurde eine *„nachhaltige Entwicklung der Wirtschaft"* gefordert, die ...

 „... die Bedürfnisse der heutigen Generation befriedigt, ohne die Möglichkeiten künftiger Generationen aufs Spiel zu setzen, ihre eigenen Bedürfnisse zu befriedigen" (Quelle: Brundtland-Report)

Bereits nach diesem Verständnis umfasst der Begriff „nachhaltige Entwicklung" drei Aspekte: ökologische, soziale und ökonomische Nachhaltigkeit. In diesem Sinne gilt es, Natur, Mensch und Wirtschaft in Einklang zu bringen.

Bei der Konferenz von Rio (Brasilien, 1992) kamen mehr als 150 Staatschefs zusammen, um über die Zukunft unseres Planeten nachzudenken. Dabei wurde der Brundtland-Bericht offiziell bestätigt und 178 Staaten unterzeichneten das Abschlussdokument der Konferenz – die AGENDA 21 (Agenda für das 21. Jahrhundert). In 40 Kapiteln wurden die globalen Aktionsfelder für die nächsten Jahrzehnte festgelegt. Die Länder wurden auch aufgefordert, eine eigene lokale Agenda 21 zu erstellen. Infos zur österreichischen Agenda 21 finden Sie unter www.nachhaltigkeit.at.

Ein weiterer wesentlicher Aspekt stand in der Agenda 21 im Mittelpunkt: das Handeln und Agieren von Unternehmen und deren Konsequenzen für die Gesellschaft und unseren Planeten. Dies bewirkte, dass sich Unternehmen verstärkt mit ihrer gesellschaftlichen Verantwortung beschäftigten. Die „Corporate Social Responsibility" (CSR) war geboren.

Einen wichtigen Beitrag dazu leistete die CSR-Definition der EU-Kommission 2011. Das Drei-Säulen-Modell – Verantwortung für Soziales, Ökologie und Ökonomie – ist auch in dieser Definition die zentrale Aussage.

CSR ist „die Verantwortung von Unternehmen für ihre Auswirkungen auf die Gesellschaft". Damit die Unternehmen ihrer sozialen Verantwortung in vollem Umfang gerecht werden, sollten sie auf ein Verfahren zurückgreifen können, mit dem soziale, ökologische, ethische, Menschenrechts- und Verbraucherbelange in enger Zusammenarbeit mit den Stakeholdern in die Betriebsführung und in ihre Kernstrategie integriert werden. Auf diese Weise (1) soll die Schaffung gemeinsamer Werte für die Eigentümer/Aktionäre der Unternehmen sowie die übrigen Stakeholder und die gesamte Gesellschaft optimiert werden; (2) sollen etwaige negative Auswirkungen aufgezeigt, verhindert und abgefedert werden. (Quelle: EU-Kommission am 25. Oktober 2011)

Heute findet sich kein (größeres) Unternehmen, welches nicht über seine CSR-Aktivitäten – zumindest online – berichtet. Kein Unternehmen möchte zugeben, dass das Thema Verantwortung gegenüber Mensch, Natur und Gesellschaft für das Unternehmen nicht von Bedeutung sei. Daher sammeln auch viele Unternehmen unter dem Begriff CSR alles, was sie an „Gutem" tun: Kultur- und Sportveranstaltungen, Spenden, Sponsoring und die Gründung von Stiftungen. Derartige gute Taten sind wichtig, aber keine „CSR", sondern bestenfalls bürgerschaftliches Engagement, bei dem es um die Verbesserung des Unternehmensimage geht.

Denn ernsthafte Corporate Social Responsibility (CSR) betrifft vor allem auch das Kerngeschäft eines Unternehmens und ist keine „zusätzliche" Aktivität, sondern eine Art, das Kerngeschäft zu betreiben: Es geht nicht darum, was mit den Gewinnen gemacht wird (z. B. Sponsoring oder Spenden), sondern WIE die Gewinne erzielt werden. Und zwar umweltverträglich und sozial verantwortlich (und zugleich ökonomisch erfolgreich). Gewinne, die nicht auf Kosten der MitarbeiterInnen und der Natur gemacht weiden.

Überspitzt gesagt: CSR bedeutet also nicht, Gutes zu tun!
CSR bedeutet, Verantwortung zu übernehmen!
Verantwortung für das, was ein Unternehmen macht.
Verantwortung für das, wie ein Unternehmen handelt.
Verantwortung für das, was ein Unternehmen beeinflussen kann.

Wird CSR zur Unternehmenskultur, die unternehmerische Verantwortung also strategisch im Unternehmen umgesetzt, wird das CSR-Konzept zum Managementtool. Dann minimiert es Risiken und verbessert die Beziehung zu den Stakeholdergruppen (Anspruchsgruppen) eines Unternehmens. Ehrliche CSR bringt immer Win-win-Situationen.

Das Wissen um die Notwendigkeit ist vorhanden

Das Bewusstsein über die Notwendigkeit der Übernahme von Verantwortung ist in vielen Unternehmen durchaus vorhanden. Die Umsetzung ist jedoch meist mehr als zögerlich. Wirtschaftlich nicht so gute Zeiten werden z. B. sofort zum Anlass genommen, um die CSR-Entwicklung zu stoppen – anstatt sie zu verstärken und so zukunfts- und wettbewerbsfähiger zu werden. Denn ein nachhaltiges Wirtschaften führt u. a. auch zu Kostenreduktionen, z. B. durch optimierten Energie- und Ressourcenverbrauch, zu geringerer MitarbeiterInnenfluktuation oder minimiertem Reputationsrisiko. Und es stärkt das Unternehmen als Marke.

Nachhaltigkeit im Verfassungsrang

Auch die Republik Österreich bekennt sich zur Nachhaltigkeit. Mit Juni 2013 wurde Nachhaltigkeit als Prinzip explizit in der Bundesverfassung verankert (Bundesverfassungsgesetz/BVG 111/2013; am 12. Juli 2013 in Kraft getreten). Dieses BVG enthält insbesondere das Bekenntnis zum *„Prinzip der Nachhaltigkeit bei der Nutzung der natürlichen Ressourcen, um auch zukünftigen Generationen bestmögliche Lebensqualität zu gewährleisten"*. Der Begriff der Nachhaltigkeit ist im Sinne des anerkannten „Drei-Säulen-Modells" mit den Elementen Ökonomie, Ökologie und Soziales zu verstehen.

Und die Politik arbeitet seit Mitte 2012 auch an einem „Nationalen Aktionsplan CSR". Dieser NAP CSR soll das Thema CSR „mainstreamen" – also die Selbstverständlichkeit in den Fokus rücken – und es verstärkt in der Unternehmenswahrnehmung und im öffentlichen Bewusstsein verankern. Letztendlich soll es auch Anreize für Unternehmen geben, die CSR leben.

Aus nachvollziehbaren Gründen: Nachhaltige Unternehmen bringen Staat und Gesellschaft Vorteile für Umwelt, Gesundheit und Beschäftigung und fördern durch eine Unternehmensdiversifizierung die Resilienz des gesamten Systems!

Unternehmen, die gesellschaftliche Verantwortung ernst nehmen, werden aber auch ein besseres Reputations- und Risikomanagement vorweisen können und sie unterscheiden sich von MitbewerberInnen. Denn Produkte sind austauschbar. So bietet beinahe jede Bank ein Bankkonto und E-Banking an. Jedoch werden beispielsweise Lebensmittelspekulationen und Outsourcing von MitarbeiterInnen nicht von jeder Bank durchgeführt. Und es ist davon auszugehen, dass KonsumentInnen, denen Nachhaltigkeit ein Wert ist, derartiges Handeln in Zukunft vermehrt in ihren Entscheidungen berücksichtigen werden.

 „Nachhaltig ist, was auch unseren Kindern nützt!"
(Horst Noack, Sozialmediziner)

CSR und Diversity Management

Diversity Management ist ein wichtiger Teil von CSR. Diversity Management will systematisch die personelle Vielfalt im Unternehmen fördern – zum Vorteil für das Unternehmen, die MitarbeiterInnen und die Gesellschaft.

Bei Diversity Management geht es nicht (nur) um Antidiskriminierung, Gleichberechtigung oder Integration von Randgruppen oder Minderheiten. Im Fokus stehen

- die Verschiedenheit der Menschen,
- der proaktive Umgang mit Unterschieden und
- deren Nutzbarmachung für das Unternehmen.

Das Hauptaugenmerk liegt auf der Schaffung von Rahmenbedingungen und einer Unternehmenskultur, in der Respekt und Wertschätzung zu gelebten Werten werden. So wird ein Umfeld geschaffen, in dem sich MitarbeiterInnen wahr- und ernstgenommen fühlen, und das Unternehmen zeigt damit, dass MitarbeiterInnen den bedeutendsten Wert von Unternehmen darstellen. Dieses Zeigen bzw. Beweisen ist der Kernpunkt: Jedes Unternehmen spricht zwar davon, dass MitarbeiterInnen ihr „wertvollstes Kapital", ihre „wichtigste Ressource" sind, aber nur wenige handeln auch danach.

MitarbeiterInnen danken dies durch Loyalität, Leistungsbereitschaft und Motivation. Sie werden zu den besten WerbeträgerInnen für das Unternehmen und tragen damit zum Unternehmenserfolg bei. Das gute Arbeitsklima bringt die MitarbeiterInnen auch dazu, sich voll und ganz einzubringen. Schon in wenigen Jahren werden die Folgen der demografischen Entwicklung in hohem Maße spürbar werden. Dann werden jene Unternehmen, die in ihre MitarbeiterInnen investiert haben, einen schwer einholbaren Wettbewerbsvorteil haben.

Zusammenfassung

Bei Nachhaltigkeit geht es darum, in einer Welt mit endlichen Ressourcen ökologische, soziale (inkl. gesundheitliche) und wirtschaftliche Anliegen auszubalancieren. Dazu muss vor allem die langfristige Perspektive zurückgewonnen werden. Trotz aller drängenden Tagesfragen ist es notwendig, eine ganzheitliche Sicht auf die Dinge aufrechtzuerhalten und das Wohl nachfolgender Generationen nicht länger auszublenden. Wir dürfen nicht länger die Zukunft unserer Kinder und Enkelkinder verbrauchen!

Nachhaltigkeit ist daher weder irrelevant noch ein kurzfristiger Modetrend – wie das noch immer von vielen Unternehmen und deren ManagerInnen behauptet wird.

Vor allem die Finanzkrise hat gezeigt, wie gefährlich und schädlich Handeln ist, welches die langfristigen Folgen und Risiken außer Acht lässt. Diese Philosophie der Grenzen- und Maßlosigkeit beutet letztendlich Menschen und Natur aus. Es ist wahrscheinlich die bislang größte Herausforderung der Menschheit, diese Entwicklung zu stoppen und eine Wirtschaft im Einklang mit Natur, Menschen und Ökonomie zu schaffen.

Manchen Unternehmen muss bewusst werden, dass das, was sie in der Vergangenheit erfolgreich gemacht hat, in der Zukunft ganz anders aussehen wird – und aussehen muss. Um selbst überleben zu können, müssen Unternehmen Verantwortung für ihr Tun, ihre MitarbeiterInnen und die Gesellschaft, in der sie aktiv sind und die ihren Fortbestand sichert, übernehmen.

DiM – Alles auf einen Blick

	Alter	Menschen mit Behinderung	Geschlecht
	Sichtbare Dimension	Sichtbare Dimension	Sichtbare Dimension
Zugehörige	• Alle Menschen • Alt: Menschen über 60 Jahre (UNO-Definition) • Jugendliche von 15 bis 25 Jahre • Im Arbeitsleben bereits Formen der Diskriminierung ab 40, verstärkt zwischen 55 und 65 Jahren	Menschen mit • langfristigen • körperlichen, • seelischen, • geistigen oder Sinnesbeeinträchtigungen (lt. UN-Behindertenrechtskonvention)	• Frauen • Männer • Transgenderpersonen
Zahlen für Österreich	• Unter 20: 1,7 Mio. • Erwerbsfähiges Alter (zw. 20 und 65): 5,4 Mio. • Über 65: 1,5 Mio. • Lebenserwartung 2012: Frauen: 83,2 Jahre Männer: 78 Jahre • Höchste Unfallrate: Männer unter 25: 76 von 1.000 Männern verunfallen; nimmt mit dem Alter immer weiter ab • Ab 2015 wird die Gruppe der über 45-Jährigen die größte Erwerbsgruppe darstellen. Die Gruppe der über 65-Jährigen wird bis 2030 auf 24 % oder 2,16 Mio. wachsen.	• Ca. 20 % der Bevölkerung • 1,7 Mio. Menschen • EU: 80 Mio. Menschen • In der Altersgruppe der über 60-Jährigen sind 48,3 % der Männer und 48,5 % der Frauen betroffen.	• 4,3 Mio. Frauen • 4,1 Mio. Männer • Transgender: keine Zahlen bekannt • Gender Pay Gap lt. Eurostat 2011: 23,7 %, andere Zahlen sprechen von rd. 12 % • Unfälle 2012 pro 1.000 Erwerbstätigen: Arbeitsunfälle: Männer: 43,26 % Frauen: 16,90 % Wegunfälle: Männer: 3,43 % Frauen: 4,20 %
Besonderheit	• Zunehmende Überalterung • Gruppe der „Jungen" am Schrumpfen • Jugendfixiertheit der Unternehmen	• Behindert ist, wer behindert wird • Teilnahme am gesellschaftlichen Leben wird erschwert	• „Geschlecht" bezeichnet biologisches Geschlecht • „Gender" steht für soziales bzw. psychologisches Geschlecht
Themen	• Ältere müssen gehalten werden (demogr. Entwicklung) • Junge müssen gezielt angesprochen werden • Wissen nutzen und halten • Gesundheitsförderung und Prävention • Beruf und Familie	• Gleichbehandlung • Inklusion • Barrierefreiheit • Diskriminierungsfreie Sprache und Bilder • Angepasste Gesundheitsbetreuung	• Gleichbehandlung • Gender Mainstreaming • Diskriminierungsfreie Sprache und Bilder • Gesundheitsförderung • Beruf und Familie • Geschlechtergerechte Gesundheitsarbeit

Sexuelle Orientierungen	Ethnie	Religion	
Unsichtbare Dimension	Sichtbare Dimension	Unsichtbare Dimension	
Heterosexuelle Homosexuelle Bisexuelle	• Verbundenheit durch gemeinsame Geschichte, geografische Herkunft, Kultur, Abstammung, Tradition und Sprache	• Mitglieder „anerkannter Religionsgemeinschaften beziehungsweise Kirchen" • Angehörige „eingetragener religiöser Bekenntnisgemeinschaften"	Zugehörige
Anteil Homosexueller an Gesamtbevölkerung: geschätzte 10 % Entspricht rund 800.000 Personen in Österreich	• 1,579 Mio. Menschen mit Migrationshintergrund • Davon 34 % aus anderem EU-Staat (die meisten aus Deutschland), 21,4 % aus dem ehem. Jugoslawien, 17,4 % aus der Türkei, 16 % aus übrigen EU-Ländern und anderen Erdteilen • 52 % der Menschen mit Migrationshintergrund sind Frauen	• 16 anerkannte Religions-, 7 eingetragene Bekenntnisgemeinschaften • Römisch-katholisch: rd. 5,4 Mio. • Evangelisch AB und HB: rd. 230.000 • Islamisch: rd. 520.000 • Jüdisch: rd. 8.000 • Ohne Bekenntnis: rd. 12 % • Ohne Angabe: rd. 2 %	Zahlen für Österreich
Starker Zusammenhalt und hohe Loyalität innerhalb der Gruppe Ausgeprägte Empfehlungsbereitschaft, z. B. für Produkte, Dienstleistungen und mögl. ArbeitgeberInnen Mitunter starke Abgrenzung und Absicherung nach außen	• Starker Zusammenhalt und hohe Loyalität innerhalb der ethnischen Gruppen • Jedoch fehlende Netzwerke und damit mangelnde informelle Kenntnisse über Arbeitsmarkt	• Trennung Kirche/Staat • Starker Einfluss des Glaubens auf Kultur und Wertesystem • 2014 fand der Weltreligionstag am 19. Jänner statt	Besonderheit
Gesetzliche Gleichstellung Diskriminierung bzw. Anfeindung durch Gesellschaft Psychische Erkrankungen als Folge von Diskriminierung	• Integration • Feminisierung der Migration • Sprache/Bildung als Hürde • Sprache als Hürde bei Prävention und Gesundheitsvorsorge	• Integration von MitarbeiterInnen verschiedener Konfessionen in Arbeitsalltag • Religion beeinflusst Sicht von Gesundheit/Krankheit	Themen

Vielfalt und Grenzen

Das dynamische Verhältnis von Vielfalt und Grenzen

Ein Gastbeitrag von Konrad Paul Liessmann[1]

Zwei zentrale, gerne gebrauchte Begriffe unseres politischen Diskurses sind *Pluralität* und *Diversität*. Pluralität bedeutet wörtlich Vielfalt, Diversität Unterschiedlichkeit. Das verweist auf kleine Bedeutungsunterschiede, auch wenn diese nur in Nuancen spürbar sein mögen. In der Pluralität legen wir Wert darauf, dass es nicht nur Eines gibt, sondern Vieles da ist; in der Diversität liegt der Akzent darauf, dass diese Vielen sich in bestimmten Hinsichten unterscheiden. Der Zusammenhang zwischen Vielfalt, Diversität und Grenzen besteht aber nun darin, dass ich Diversität überhaupt nur erkennen kann, wenn ich Grenzen annehme.

Diversität ist Unterschied und Unterschied bedeutet, „*da*" ist etwas anderes als „*hier*". Wenn alles gleich ist, gibt es keine Grenzen, aber auch keine Diversität. Das heißt, die grundlegende Voraussetzung für die Wahrnehmung von Diversität, Unterschiedlichkeit, Andersheit ist, dass ich Grenzen ziehen kann oder dass Grenzen gezogen werden.

Das Interessante ist, dass es keine wirklich natürlichen Grenzen gibt, weder zwischen Menschen noch in der Natur. Es gibt keine natürlichen Landesgrenzen, das ist das Resultat von politischen Ereignissen. Es gibt auch keine natürliche Grenze zwischen Menschengruppen, weder zwischen religiösen noch biologischen Gruppierungen, noch was das Geschlecht bzw. die sexuelle Orientierung betrifft. Das sind Grenzen, die zu unterschiedlichen Zeiten, in unterschiedlichen Kulturen ganz unterschiedlich gezogen wurden. Damit definieren wir uns selbst und grenzen uns gleichzeitig von anderen ab.

---

1 Dieser Text entstand aus dem Protokoll eines Gesprächs, das der Autor mit Sabine Seidler und Günter Horniak am 25. November 2013 führte.

Schon im Wort „definieren" steckt „finis", übersetzt man es wörtlich, ist das „die Grenze". Ein entscheidender Aspekt und gleichzeitig das Problem der Diversität besteht also darin, dass ich mich in
dem Moment, in dem ich etwas definiere, in dem ich versuche, eine
Identität festzustellen, auch abgrenzen muss.

Exklusions- und Inklusionsmechanismen
im sozialen Bereich

Im sozialen Bereich entsteht Diversität durch Einschluss und Ausschluss, durch Exklusions- und Inklusionsmechanismen. Schon in
der Antike entstand die Idee, dass das, was den Menschen vereint,
das *Menschsein* ist, das sich in der jedem zukommenden Vernunft-
begabung ausdrückt. Damit schließen wir keinen anderen Menschen aus. Die Idee der Menschenrechte besteht ja darin, dass sie
universell auf alle Menschen bezogen ist – jedoch setzt auch dieser
Ansatz eine Grenze voraus: jene zwischen Menschen und Nicht-
menschen, zwischen Mensch und Tier. Aber auch diese Grenze
kann ins Wanken geraten und überschritten werden, wie aktuelle
Debatten über Tierrechte zeigen.

Identitäten stellen aber nicht nur Abgrenzungsphänomene dar,
sondern die Grenzen für diese Identitätszuschreibungen sind auch
so etwas wie Handlungsanleitungen. Mit Identitätsansprüchen oder
Identitätszuschreibungen ist schon vorgegeben, was ich zu tun und
zu lassen habe.

Erkennbar ist dies in Sätzen wie: *„Wie kannst du als Österreicher/
als Türkin/als Mann/als Frau/als Jude/als Christin ... das tun oder
so denken?"* Damit möchte man jemanden auf eine Identität fest-
legen und auch Grenzen seines Verhaltens zumindest nahelegen
und zeigt sich nun verwundert, dass diese Grenzen offensichtlich
überschritten wurden.

Wenn nun Diversität dazu führt, dass Menschen auf eine Identität, eine Norm, eine Verhaltensweise, eine kulturelle Praxis, eine
Lebenspraxis festgelegt werden und diese nicht verlassen oder nicht
überschreiten dürfen, dann wird Diversität zur Fessel. Dann wird
die Grenze zum Gefängnis, dann bin ich hilflos und bin darauf fest-

gelegt, Österreicher, Mann, Frau, Muslim, Christ, Deutsche, Afrikanerin usw. zu sein. Dieses „So-und-so-Sein" schreibt mir gleichzeitig vor, wie ich mich im Wesentlichen Dingen gegenüber zu verhalten habe.

Wenn wir wollen, dass bei einer dieser Grenzen eine Dynamik entsteht, dann muss immer die Perspektive der Überschreitung oder Verschiebung im Auge behalten werden: *Wie können solche Grenzen aufgeweicht werden, wie können sie sich verändern, wie können sie woanders gezogen werden?* Allerdings: Wer befindet darüber? Generell erleben wir trotz der Beschwörung der Diversität als Wert in der Realität eher die Tendenz, dass Diversität nicht mehr ernst genommen wird, weil vor allem die Wirtschaft, die Dynamik, der Markt, der Wettbewerb, aber auch die Massenmedien dazu tendieren, Diversitäten einzuebnen und das Verhalten, Denken und Fühlen der Menschen zu vereinheitlichen.

Wenn Grenzen Emotionen auslösen

Jede Grenze und jede Wahrnehmung von Diversität erzeugt ambivalente Emotionen. Einerseits haben Grenzen immer auch eine Schutzfunktion, sie versichern mir, wer ich bin, wo ich hingehöre, und diese Zugehörigkeit gibt Sicherheit und gibt Schutz. Und je mehr Sicherheit wir verlangen und einfordern, desto mehr Grenzen müssen wir ziehen oder ziehen lassen.

Auf der anderen Seite führt jede Grenze zu dem ganz entscheidenden Punkt: *Was wäre eigentlich, wenn man die Grenze überschreiten würde?* Schon der Philosoph G. W. F. Hegel wies darauf hin, dass Grenzen deshalb Grenzen sind, weil es dahinter offenbar weitergeht. Wenn es dahinter nichts mehr gäbe, wäre es ein Ende. Ein Ende ist aber keine Grenze. Grenzen signalisieren also immer eine Möglichkeit: Hinter der Grenze ist noch etwas.

Diese Grenzen vermitteln immer eine zweideutige Botschaft: Auf der einen Seite sind wir froh, dass wir in einer bekannten Welt sind, das Dahinter, die fremde Welt jenseits einer Grenze macht uns eher Angst. Auf der anderen Seite macht uns nichts so neugierig wie das Unbekannte und das Fremde. Das heißt also, jede Grenze stellt uns vor die Frage: *Soll ich die Grenze akzeptieren oder soll ich sie über-schreiten?* Die stärksten Emotionen, die Menschen haben können, werden daher durch Fragen ausgelöst wie: *Soll ich das Verbot über-treten? Soll ich was riskieren? Soll ich die Grenze überschreiten? Soll ich mich auf etwas einlassen, was ich nicht kenne?* An diesen Grenzen entstehen Emotionen wie Neugierde, Abenteuerlust, Risikobereit-schaft, aber auch Angst, Sehnsucht nach Sicherheit und Geborgen-heit und das Verlangen, beschützt zu werden. All das kann sich in bestimmten Situationen auch wechselseitig aufschaukeln. Der Phi-losoph Sören Kierkegaard sprach in diesem Zusammenhang von der „Angstlust", die uns angesichts der Möglichkeit, eine Grenze zu überschreiten, befallen kann.

Der Umgang mit Diversität und Grenzen

Im Umgang mit Menschen, wenn ich sie als Mitglieder unterschied-licher sozialer Gruppen oder Kulturen wahrnehme, kommt es not-gedrungen zu Fragen wie: *Muss ich mich jetzt immer deren Regeln anpassen oder müssen sie sich meinen Regeln anpassen?*, aber auch zu Fragen wie: *Riskiere ich einfach, so eine Regel zu durchbrechen, oder möchte ich mich lieber nicht anlegen, ich lass sie dort und ich bin da.*

Menschen haben immer schon versucht, Regeln für diese Be-gegnungen in der Diversität zu entwerfen, man denke nur an das in vielen Kulturen bekannte Gastrecht.

Wenn Menschen unterschiedlicher Lebenspraxis, unterschiedli-cher Kultur, unterschiedlicher Denk- und Lebensweise miteinander kooperieren sollen, bedeutet Diversitätsmanagement daher, sich ernsthaft folgende Fragen zu stellen: *Wer darf in der Kommunika-tion dem anderen gegenüber wie weit gehen? Wie weit schützt mich die Tatsache, dass ich mich einer bestimmten Kultur zugehörig fühle, und wie sehr ist es notwendig, um* überhaupt *etwas miteinander tun zu kön-nen, diese schützenden Grenzen zu überschreiten oder zu verschieben oder durchlässiger zu machen oder nicht ganz so ernst zu nehmen?*

Das ist dann vor allem bei Lebensformen, die einen religiösen Hintergrund haben – in dessen Zusammenhang es um Wahrheiten und rigide sittliche Verbindlichkeiten geht , nicht so einfach. Ich

29

kann zu meinen muslimischen MitarbeiterInnen, die den Ramadan ernst nehmen, nicht sagen: „Fastet doch nicht so viel, das ist nicht gut für die Arbeit." Ich kann zu einem orthodoxen jüdischen Mitarbeiter nicht sagen: „Kümmere dich nicht um den Sabbat, das brauchst du wirklich nicht so ernst nehmen, wir arbeiten durch." Ich kann auch zu einem gläubigen Christen nicht sagen: „Wir führen jetzt Sonntagsarbeit ein, nimm das nicht so ernst, Glaube ist Schall und Rauch, das war einmal, das ist nicht mehr." Ähnliches gilt für religiös motivierte Speise- und Bekleidungsvorschriften.

Damit bleiben mir gegenüber dieser Vielfalt, dieser Diversität – weil sie eben nur durch Grenzen überhaupt festgelegt wird – immer zwei Möglichkeiten: Diese Grenzen zu akzeptieren und zu sagen, ja, es gibt diese Unterschiede und deshalb schaue ich, wie ich mit unterschiedlichen Kulturen, Sprachen, Menschen, Glaubensformen und Lebensformen umgehen kann. Oder ich sage, diese Grenzen sind eigentlich das Resultat eines historischen Prozesses, sie haben sich verändert, ihre Plausibilität verloren, sie müssen eigentlich nicht mehr sein. Wir finden in der Geschichte immer das Spiel: Grenzen werden gezogen und müssen später wieder aufgehoben werden. Lange waren in unserer Kultur die Lebensbereiche von Männern und Frauen stark getrennt – diese Grenze erschien irgendwann einmal vollkommen unplausibel, nicht mehr begründbar. Dann fragte man sich, wie diese Grenze aufzuheben sei, weil sie aus einer emanzipatorischen Perspektive ihren Sinn verloren hatte. Manchmal merkt man allerdings erst nach der Aufhebung solcher Grenzen, was man damit auch verloren hat – etwa Sicherheit durch klar definierte Rollenzuschreibungen.

Oder nehmen wir die Grenze zwischen Jugendlichen und Erwachsenen, die früher ganz klar zu ziehen war. Bis zur (späten) Volljährigkeit, bis zur Maturität, bis zur Reife war man nicht erwachsen und konnte an vielen Bereichen des Erwachsenenlebens nicht teilhaben. Dafür gab es andere Vorrechte. Der Jugendliche war geschützt und konnte sich in bestimmter Weise immer wieder auch auf seinen noch nicht mündigen Status zurückziehen. *Daran ist erkennbar, worin die Leistung von Grenzen besteht.* Aber auch diese Grenze ist fließend geworden, heute können 16-Jährige wählen, also am politischen Prozess teilnehmen, dafür stört es (fast) niemanden, wenn ein 60-Jähriger in die Disco geht.

Diese unscharf gewordenen Grenzen, die so sehr zerfließen, dass keine Konturen mehr erkennbar sind, hinterlassen bei vielen Menschen aber auch ein Unbehagen, weil uns dadurch kaum noch Orientierung gegeben wird. Manchmal wüsste man einfach gerne, was man „als Mann", „als Frau", „als Jugendlicher", „als Erwachsene" so zu tun hat. Damit will ich diesen Zusammenhang von Grenzen und Vielfalt eigentlich als dynamisches Verhältnis sehen: Starre Grenzen, überhaupt wenn ihre Sinnhaftigkeit nicht mehr vermittelt werden kann, werden zu einem Gefängnis, gefährden die Freiheit und die Individualität. Fehlende Grenzen befördern Unsicherheit, Willkür und Beliebigkeit.

Man kann deshalb auch nie sagen, Grenzen und damit Diversität seien an sich gut oder schlecht. Das hängt von der sozialen Dynamik einer Gesellschaft und ihren Bewertungssystemen ab. Wichtig ist, sich über die Vorläufigkeit aller Grenzen bewusst zu sein, egal, ob es sich um religiöse, geschlechtliche, ethnische oder moralische Grenzen handelt. Es muss klar sein, dass wir Grenzen brauchen, wir aber auch fähig sind, uns nach unterschiedlichen Gesichtspunkten zu orientieren. Wir können Grenzen setzen, wir können Grenzen überschreiten, wir können Grenzen aufheben.

Damit stellen sich drei Fragen:
Welche Grenzen sind notwendig?
Welche Grenzen sind möglich?
Welche Grenzen sind überflüssig?

Hinweise zum Autor:
Univ.-Prof. Dr. Konrad Paul Liessmann ist ein österreichischer Philosoph, Essayist, Literaturkritiker und Kulturpublizist. Er ist Universitätsprofessor für Methoden der Vermittlung von Philosophie und Ethik an der Universität Wien. Liessmann ist Österreichs „Wissenschaftler des Jahres 2006". Zuletzt sind erschienen: Lob der Grenze. Kritik der politischen Unterscheidungskraft (2012), Philosophie der modernen Kunst (2013)

Dimension Alter

Alter – die dynamische Grenze

Jugend ist Stärke und Alter ist Schwäche?

Die Themen Alter und Altern beschäftigen die Menschen seit jeher. Bereits die antiken Götter und Göttinen waren alterslos, unsterblich und daher stark, Menschen alterten und starben, waren also schwach. Eine bestimmte Lebenszeit zu haben, war und ist ein menschliches Schicksal. Die verstreichende Lebenszeit ist ein bestimmender Faktor und eine Konstante für jeden einzelnen Menschen. Alter bzw. zu altern ist aber nicht nur ein biologischer Sachverhalt, sondern wird auch – und das zeigt die Geschichte – stark von der Kultur und der Gesellschaft beeinflusst.

Das betrifft alle Lebensphasen des „Alters". Die Gesellschaft definiert hier Grenzen, z. B. der Schuleintritt, das Pensionsalter usw., und macht damit das Alter zu einer Konstruktion, die von Kultur und sozialen bzw. gesetzlichen Regelungen beeinflusst wird. So ist man in Österreich ab 18 Jahren volljährig und gilt als „Erwachsener", bei vielen Naturvölkern ist dies von der biologischen Reife – dem Erwerb der vollen Fortpflanzungsfähigkeit – abhängig. Diese Zäsuren im Lebensverlauf sind also nicht eindeutig und daher gibt es auch keine wissenschaftliche Definition, bis wann jemand als „jung" und ab wann jemand als „alt" zu bezeichnen ist.

Es ist aber noch ein weiteres Verschwimmen der Grenzen zu beobachten, denn Kinder bzw. Jugendliche reifen immer früher zu Erwachsenen und Erwachsene verhalten sich immer länger wie Jugendliche.

„Was gibt es Angenehmeres als ein Greisenalter,
das umgeben ist von einer Jugend,
die von ihm lernen möchte."
(Cicero, 106–43 v. Chr.)

So alt, wie man sich fühlt

Gebräuchlich für die Zuweisung jung/alt ist das „kalendarische" oder „chronologische" Alter eines Menschen, also die Zeit, die wir in Jahren (Monaten, Tagen etc.) messen. In unserer Gesellschaft haben sich im Wesentlichen drei Altersgruppen gebildet. Bis zum Alter von 25 bis maximal 30 Jahren gilt man noch als jung, die Gruppe bis etwa 50 Jahre ist „mittleren Alters" und mit über 50 wird man umgangssprachlich oft schon als „alt" bezeichnet. Spürbar ist das ganz stark, wenn man beispielsweise ab 50 Jahren einen neuen Job sucht.

Diese Unterteilung und diese Grenzen sind aber vor allem deswegen von Interesse, da Benachteiligungen und Diskriminierungen am häufigsten die Gruppe Jung und die Gruppe Alt betreffen. Und meist von der mittleren Altersgruppe (25–45 Jahre) ausgehen.

In der Literatur stößt man zumeist auf die folgenden Erklärungen von Alter und Altern:

- Die Messung des erwähnten kalendarischen oder chronologischen Alters beginnt bei der Geburt.
- Das rechtliche Altern bezeichnet Grenzen, die aufgrund des chronologischen Alters erreicht werden (Strafmündigkeit, Volljährigkeit, Pensionsantritt etc.).
- Das biologische Altern bezieht sich auf das Körperliche bzw. den Organismus eines Menschen und beschreibt den körperlichen Zustand.
- Vom sozialen Alter spricht man, wenn der Mensch bestimmte altersabhängige und gesellschaftlich formulierte Rollen einnimmt, wie etwa Schulkind, Berufstätige/r oder PensionistIn. Bei indigenen Völkern Jäger oder Krieger.
- „Man ist so alt, wie man sich fühlt." Dieses Sprichwort drückt das subjektive Alter oder auch psychologische Alter aus.

Letztendlich kann die Zuordnung „Jung" oder „Alt" sehr stark variieren. Ein Sportler oder eine Sportlerin gehört meist schon mit 35 oder 40 Jahren zu den Alten. Für Kinder und Jugendliche ist man als 40-Jähriger schon sehr alt. Für einen 70- bis 80-Jährigen wird ein

40-Jähriger noch sehr jung sein. Das österreichische Arbeitsmarktservice (AMS) bewertet Personen im Alter von 15 bis unter 25 Jahren als „Jugendliche". Als das „erwerbsfähige Alter" (= Erwerbstätige) wird in Österreich das Alter zwischen 20 und 65 Jahren bezeichnet. Jugendliche im ArbeitnehmerInnenschutzrecht

- sind Personen, die das 15. Lebensjahr vollendet haben und der allgemeinen Schulpflicht nicht mehr unterliegen,
- bis zur Vollendung des 18. Lebensjahres.

Für diese Gruppe gibt es gewisse Beschäftigungsverbote und Beschränkungen.

Diese Beispiele sollen zeigen, dass man solche Alterszuordnungen relativ willkürlich setzt. Dennoch sind sie von großer Bedeutung, da sie im Arbeitsleben eine große Rolle spielen. Denn auch wenn im Rahmen der gesetzlichen Gleichbehandlung kein Unterschied zwischen Alt und Jung gemacht werden darf (niemand darf aufgrund des Alters benachteiligt werden), sieht die Praxis in Unternehmen oft ganz anders aus, wie wir in diesem Kapitel noch zeigen werden.

Auch für das Diversity Management spielt das chronologische Alter keine Rolle. Es geht dabei darum, das Alter in seiner Vielfalt zu akzeptieren und Altern als Prozess zu sehen, der nicht nur Menschen über 50 betrifft. Letztendlich soll Diversity Management dazu beitragen, die Chancen und Möglichkeiten der unterschiedlichen Lebensphasen zu erkennen und zu nutzen. Diese Lebensphasen sind auch bei den Themen Gesundheit und Prävention von Bedeutung und mit zu berücksichtigen.

 Die EU-Kommission rief das Jahr 2012 zum „Europäischen Jahr für aktives Altern und Solidarität zwischen den Generationen" aus, und das nicht unbegründet. Fakt ist, dass das Thema Alter für Arbeit und Wirtschaft künftig eine wichtige, wenn nicht gar entscheidende Rolle spielen wird.

Arbeitsfähigkeit vs. Beschäftigungsfähigkeit

Neben oder anstelle des Begriffs „Arbeitsfähigkeit" wird immer häufiger das Wort „Beschäftigungsfähigkeit" verwendet. Arbeitsfähigkeit umfasst im Wesentlichen körperliche, mentale und individuelle Aspekte. Sie nimmt im Alter automatisch ab, so die „ältere" Sichtweise. Mittlerweile ist aber klar, dass ältere MitarbeiterInnen nicht zwangsläufig weniger leistungsfähig und weniger belastbar sind. Erkennbar ist das unter anderem daran, dass Leistungsunterschiede innerhalb einer Altersgruppe oft größer sind als die Unterschiede zwischen den Altersgruppen. Es wurde auch erkannt, dass – unabhängig vom chronologischen Alter – die körperliche und mentale Arbeitsfähigkeit von den aktuellen und auch von den vergangenen Arbeitsbelastungen wesentlich beeinflusst wird. Arbeitsfähigkeit ist aber auch von den gebotenen Fort- und Ausbildungsmöglichkeiten abhängig.

Für die Beschäftigungsfähigkeit sind demnach neben den individuellen Fähigkeiten und den (z. B. neu erworbenen) Kompetenzen auch noch Motivation und die Einstellung des Menschen entscheidend.

Damit ist klar, dass den arbeitsplatzspezifischen Anforderungen und Gegebenheiten eine wesentliche Bedeutung zukommt. Auf die Arbeits- bzw. Beschäftigungsfähigkeit haben Faktoren wie die Gestaltung des Arbeitsplatzes bzw. der Arbeitsabläufe oder die Arbeitsbelastung enormen Einfluss. Aber ebenso das Verhalten der Vorgesetzten und/oder KollegInnen. Es spielt also eine große Rolle, ob jemand in einem wertschätzenden Umfeld oder in einer demotivierenden Umgebung seine/ihre Tätigkeit verrichtet. Denn nicht allein eine angemessene Entlohnung, sondern vor allem eine wertschätzende Unternehmenskultur erhält und stärkt die Motivation – in jedem Alter.

Wollen ArbeitgeberInnen ihre MitarbeiterInnen also länger arbeits- bzw. beschäftigungsfähig erhalten, sollten sie neben direkten Maßnahmen beim Arbeits- und Gesundheitsschutz auch im Bereich der Ausbildung, der Arbeitsplatz- und Arbeitszeitgestaltung sowie bei der Arbeitsorganisation und der Laufbahngestaltung aktiv werden. Zudem sollten alle Maßnahmen nicht erst für ältere MitarbeiterInnen durchgeführt werden, sondern über das gesamte Erwerbsleben hinweg. (Quelle: www.dza.de)

Zahlen und Fakten zur Dimension Alter

Im klassischen Griechenland (um 500 v. Chr.) war die Lebenserwartung sehr niedrig. Nur knapp die Hälfte der Menschen überlebte das 5. Lebensjahr, nur ca. 40 Prozent wurden 30 Jahre alt. Das „biblische" Alter von 75 Jahren erreichten weniger als 5 Prozent. Die Geburtenrate war aber mit ca. 5,5 Kindern sehr hoch. Im Rest Europas dürfte das nicht anders gewesen sein. Seit etwa 1850 ist die durchschnittliche Lebenserwartung jährlich um etwa drei Monate gestiegen.

Das vorige Jahrhundert stand unter dem Zeichen eines extremen Bevölkerungswachstums. Zwischen 1900 und 2000 hat sich die Weltbevölkerung von 1,5 auf 6 Milliarden Menschen vervierfacht (2013 rund 7,1 Milliarden). Über das zukünftige Wachstum gibt es unterschiedliche Meinungen: Die einen prognostizieren ein Anwachsen bis 2050 und danach einen Rückgang. Die Prognose der UNO geht bis zum Jahr 2100 von einem langsameren, aber kontinuierlichen Wachstum der Weltbevölkerung auf 10,85 Milliarden Menschen aus.

Willkommen im Wandel!

Fest steht jedoch, dass das 21. Jahrhundert nicht nur in Europa das Jahrhundert des demografischen Wandels im Sinne eines demografischen Alterns sein wird. In der Europäischen Union leben heute schon mehr Menschen im Alter von über 60 Jahren als im Alter von unter 18 Jahren (Quelle: eurostat). Und diese Schere geht noch weiter auf: Nach Schätzungen der UNO wird es ab der Mitte des 21. Jahrhunderts weltweit mehr Menschen über 50 als unter 15 Jahren geben. Die Lebenserwartung wird weiter überall steigen.

Diese Entwicklung hat Folgen. Nicht nur für die Wirtschaft, sondern für die gesamte Gesellschaft. Auch ausgelöst durch einen Geburtenrückgang wird die Altersversorgung, die Pensionen, immer schwieriger zu finanzieren sein. Zahlenmäßig immer kleiner werdende Generationen müssen immer mehr Menschen der älteren Generationen unterstützen, das heißt, immer weniger Erwerbstätige stehen immer mehr Menschen im Ruhestand gegenüber. In

Österreich wird diese Entwicklung verstärkt, da die geburtenstarken Jahrgänge (Babyboomer) aus den 1950er und 1960er Jahren in den nächsten Jahren in den Ruhestand treten werden.

 „Demografischer Wandel" meint die Veränderung der Zusammensetzung der Altersstruktur einer Gesellschaft. Das kann sowohl eine Bevölkerungszunahme als auch eine Bevölkerungsabnahme sein. Die demografische Entwicklung wird von drei Faktoren beeinflusst: der Geburtenrate, der Lebenserwartung und dem Wanderungssaldo (Zu- und Abwanderung von Menschen). (Quelle u. a.: bit.ly/13giiN4*)*

Situation in Österreich

Im Jahr 2030 werden in Österreich knapp 9 Millionen Menschen leben, derzeit sind es etwa 8,4 Millionen.

Von diesen 8,4 Millionen sind 1,7 Millionen (20 Prozent) unter 20 Jahren, rund 5,4 Millionen (62 Prozent) befinden sich im erwerbsfähigen Alter, also zwischen 20 und 65 Jahren, und 1,5 Millionen ÖsterreicherInnen sind über 65 (18 Prozent).

16 Prozent (1,3 Millionen) der EinwohnerInnen wurden nicht in Österreich geboren.

Die Gruppe der über 65-Jährigen wird bis 2030 am stärksten wachsen, und zwar auf 24 Prozent oder 2,16 Millionen. Beinahe jede/r Vierte wird dann in Pension sein. Im Gegenzug werden die Erwerbstätigen weniger. Nur noch 5,1 Millionen (57 Prozent) werden ins Pensionssystem einbezahlen. Die Zahl der unter 20-Jährigen bleibt in etwa gleich.

2030 werden dann 1,76 Millionen (20 Prozent) EinwohnerInnen Österreichs nicht im Land geboren sein.

Die Schätzungen für 2060 gehen in dieselbe Richtung. Obwohl mehr EinwohnerInnen, sinkt die Zahl der Erwerbstätigen auf 53 Prozent, die der über 65-jährigen Erwerbstätigen sinkt gar auf 29 Prozent.

Ausschlaggebend für das prognostizierte Bevölkerungswachstum ist in Österreich die Zuwanderung. 2060 sollen dann 2,19 Millionen (23 Prozent) Menschen nicht in Österreich geboren sein. (Quelle: Statistik Austria)

Ein weiterer demografischer Faktor, auf den wir hier aber nicht näher eingehen werden, sind die Verschiebungen in der Bevölkerungsverteilung. Prognostiziert wird die Steigerung der EinwohnerInnenzahlen in den Städten und vor allem auch in deren Umland. Und das auf Kosten von strukturschwachen und eher schwer erreichbaren Regionen am Land.

Ab 2015 wird die Gruppe der über 45-Jährigen die größte Erwerbsgruppe darstellen. Ab 2020 werden die Austritte älterer Menschen aus dem Arbeitsmarkt um rund 56 Prozent höher sein als die Eintritte junger Menschen. (Quelle: OECD, 2010)

Steigende Lebenserwartung

Aus individueller Sicht dürfen wir uns über den demografischen Wandel eigentlich sehr freuen, denn er schenkt uns mehr Lebenszeit. In den vergangenen Jahrzehnten ist die Lebenserwartung kontinuierlich gestiegen. Die von der Statistik Austria im Oktober 2013 erhobenen Zahlen zeigen, dass die für beide Geschlechter zusammen berechnete Lebenserwartung 80,7 Jahre beträgt. Für Männer liegt die Lebenserwartung nun bei 78 Jahren, für Frauen bei 83,3 Jahren. Vergleicht man das mit den Erhebungen aus den Jahren 2000–2002, nahm die Lebenserwartung der Männer um 2,4 Jahre, die der Frauen um 1,8 Jahre zu. Damit hat sich auch der Vorsprung der Frauen in der Lebenserwartung von 6 auf 5,3 Jahre reduziert. Laut Statistik Austria soll die Lebenserwartung bis zum Jahr 2050 bei Frauen 90 Jahre und bei Männern 86 Jahre betragen. Ein Mann, der an seinem 62. Geburtstag in den Ruhestand tritt, hat demnach die Chance, seine Pension genau 20 Jahre genießen zu dürfen. Eine Frau, die an ihrem 60. Geburtstag in den Ruhestand tritt, darf auf eine Pensionszeit von 23,3 Jahren hoffen. (Quelle: Statistik Austria)

Die Steigerung der Beschäftigungsquote und die Verlängerung des Arbeitslebens sind wichtige politische Ziele auf nationaler und europäischer Ebene. In der EU-27 stieg die Beschäftigungsquote in der Altersgruppe 55–64 Jahre von 36,9 Prozent im Jahr 2000 auf 46 Prozent im Jahr 2009. Damit liegt sie

jedoch immer noch weit unter der allgemeinen Beschäftigungs-
quote der Altersgruppe 20–64, die 2009 bei 69 Prozent lag.
Die „Strategie Europa 2020" hat sich zum Ziel gesetzt, die
Beschäftigungsquote in der Altersgruppe 20–64 auf 75 Prozent
anzuheben. (Quelle: bit.ly/1953JlK*)*

In diesem Zusammenhang ist es interessant, wie viel gesunde Jahre jemand nach dem 65. Geburtstag noch erwarten darf. In Österreich sind es derzeit für Mann und Frau 8,3 Jahre. Damit liegen wir unter dem EU-27-Durchschnitt. In Schweden sind es bei Frauen 15,2 und bei Männern 13,9 Jahre. Und das, obwohl Österreich und Schweden annähernd eine gleich hohe Lebenserwartung haben. Die SchwedInnen haben also mehr von der höheren Lebenserwartung.

Wesentlich dramatischer ist es aber in der Slowakei. Dort bleiben Männern noch 3,5 und Frauen gar nur 2,9 gesunde Jahre. (Quelle: Eurostat 2011)

Für Menschen von besonderer Bedeutung ist die „Lebenser-
wartung in Gesundheit". Darunter versteht man, wie viele
Jahre eine Person das Leben in einer „subjektiv sehr guten bis
guten Gesundheit" verbringt. Auch dieser Zeitraum ist erfreuli-
cherweise gestiegen. Aus heutiger Sicht dürfen sich Österreichs
Männer auf 61,7 Jahre in subjektiv guter Gesundheit freuen,
Frauen gar auf 63,2 Jahre in subjektiv guter Gesundheit. Auch
das hat Auswirkungen auf die Wirtschaft, denn die Lebenszeit
in (einer möglichen) Aktivität wird dadurch ebenfalls stark
verlängert.

Erhöhtes Sterberisiko in der Jugend

Erfreulich ist, dass die Säuglingssterblichkeit in der Vergangenheit stark gesunken ist und nur noch wenige Promille beträgt. Im Alter von 19 bis 22 Jahren steigt die Sterblichkeit aber dramatisch und ist bei Buben mehr als zehnmal höher als im Volksschulalter, bei Mädchen rund viermal so groß. Grund dafür sind in diesem Alter vor allem (motorisierte) Unfälle, aber auch die vergleichsweise hohen Selbstmordraten.

Bis zum 25. Lebensjahr der Frauen bzw. bis zum 28. Lebensjahr der Männer sinkt die Sterblichkeit wieder ab, um dann kontinuierlich anzusteigen.

Die Folgen für die Wirtschaft

Sieht man sich die angeführten Zahlen an, liegt der Schluss nahe, dass die demografische Entwicklung maßgeblich alle Bereiche der Gesellschaft und der Wirtschaft beeinflussen wird. Neben einem veränderten privaten Konsumverhalten (mehr Ältere kaufen andere Produkte) kommen umfangreiche Veränderungen im gesamten Pensions-, Kranken- und Pflegesystem auf uns zu.

Der (europaweite) Geburtenrückgang wird schon in wenigen Jahren zu einem Fachkräfte-, aber auch zu generellem Arbeitskräftemangel führen, der auch die Wettbewerbsfähigkeit der Unternehmen am Markt einschränken wird. Ein geringeres Wirtschaftswachstum könnte die Folge sein. Hinzu kommt ein größerer Anteil an älteren und auch länger aktiven Erwerbstätigen.

Unternehmen müssten daher längst darauf reagieren. MitarbeiterInnenbindung, Aus- und Weiterbildung sowie die Erhaltung der Arbeitsfähigkeit durch Prävention und Gesundheitsmaßnahmen müssen verstärkt berücksichtigt werden, wenn eine hohe Produktivität weiterhin gewährleistet werden soll.

Für den Unternehmenserfolg ist aber auch das Fach- und Erfahrungswissen vor allem der älteren MitarbeiterInnen ein wichtiger Wettbewerbsfaktor. Beides sollte im Unternehmen gehalten und weitergegeben werden. Aber vor allem im produzierenden Gewerbe, also in handwerklichen Betrieben und in der Industrie, sowie in der Pflege- und Sozialarbeit sind Wissen und Erfahrung nicht so leicht formalisierbar bzw. schriftlich festzuhalten. Damit wird die Weitergabe komplizierter. In diesem Zusammenhang sind z. B. altersgemischte Teams sinnvoll. Wissen und Erfahrung wird auf diese Weise an die „jüngeren" MitarbeiterInnen weitergegeben, die Kompetenzen verbleiben im Unternehmen.

Derzeit zeigen die meisten Unternehmen – trotz all der Fakten, die auf dem Tisch liegen – bei der Beschäftigung Älterer nicht sehr viel Engagement. So war im November 2013 die Arbeitslosigkeit in Wien bei Personen über 45 Jahren um 17 Prozent höher als 2012. Generell muss es daher zu einer Neubewertung von „Alter" in den Unternehmen kommen. Diversity Management kann diese Neubewertung und eine systematische Berücksichtigung wesentlich unterstützen. Unternehmen müssen dazu aber aktiv werden.

Bevor wir uns mit konkreten Möglichkeiten für Unternehmen beschäftigen, lassen Sie uns noch einen Blick darauf werfen, wie das Alter (egal ob jung oder alt) zu einer Benachteiligung führen kann und damit auch zu einer Herausforderung für ein Diversity Management wird.

 Der Erhalt der Beschäftigungsfähigkeit ist grundsätzliche Voraussetzung dafür, dass Ältere einen Arbeitsplatz finden bzw. länger in Beschäftigung bleiben können. Beschäftigungsfähigkeit wurde lange Zeit mit körperlicher und mentaler Arbeitsfähigkeit gleichgesetzt und als individuelle Eigenschaft betrachtet, die mit dem Alter abnimmt. Heute weiß man, dass ältere Erwerbspersonen nicht zwangsläufig weniger leistungsfähig und belastbar sind und dass Leistungsunterschiede innerhalb einer Altersgruppe weitaus größer sind als diejenigen zwischen den Altersgruppen. Die körperliche und mentale Arbeitsfähigkeit wird stärker von aktuellen und vergangenen Arbeitsbelastungen und Lernmöglichkeiten beeinflusst als durch das kalendarische Alter einer Person.

Herausforderungen der Dimension Alter

Mythen und Klischees

Eine der Ursachen, warum es immer wieder zu Benachteiligungen und im schlimmsten Fall zu Diskriminierungen kommt, sind oftmals unsere Bilder im Kopf (die auch Personalverantwortliche und ManagerInnen haben können).

Das Thema Alter wird dabei meist von sehr vereinfachten Bildern von Jung und Alt bestimmt. Diese Stereotype verursachen dann Vorurteile. Neben negativ besetzten Bildern gibt es aber auch

Positives, das wir den entsprechenden Alterskategorien zuschreiben. Diese positiven Bilder können natürlich genauso falsch sein. Letztendlich geht es um das Individuum. Sehen wir uns doch einfach die gängigen Bilder bzw. Klischees an, die wir von Jung bzw. Alt haben.

Bild der Jungen

„Junge" Menschen sind häufig unerfahren, oftmals desinteressiert, verfügen über weniger Wissen und sind meist unzuverlässig. Außerdem verhalten sie sich egoistisch, wollen nur Spaß haben und sind daher dem Unternehmen gegenüber auch nicht so loyal. Sie leben sorglos in den Tag hinein, konsumieren Alkohol und Zigaretten – und das meist in großen Mengen.

Sie sind aber auch kreativ, mobil, flexibel und lernen leicht und schnell. „Social Media" und Computer sind ihre Welt. Jung sein ist jedenfalls sympathisch. Und vor allem: Junge ArbeitnehmerInnen sind kostengünstiger.

Bild der Älteren

Auch für „ältere" oder „alte" Menschen gibt es eine Reihe von Zuschreibungen: Sie sind wenig motiviert, nicht mehr so leistungsfähig und werden auch häufiger krank. Veränderungen haben sie nicht so gerne und sie können Neues nicht mehr so schnell lernen. Darüber hinaus sind sie weniger mobil und flexibel. Pension, Krankheit und Abhängigkeit werden oft mit „alt" assoziiert.

Im Alter ist man aber auch erfahrener, genauer und die Lösungskompetenz steigt. Zudem handeln Ältere überlegter, sind sozial kompetenter und dem Unternehmen gegenüber loyaler.

Und vor allem: Ältere ArbeitnehmerInnen sind viel zu teuer.

 Die Einstellung gegenüber dem Alter muss sich verändern. Die Ergebnisse des Eurobarometers 2012 zeigen, dass die Altersdiskriminierung am Arbeitsplatz die am häufigsten angegebene Form der Diskriminierung ist. Eine von zwanzig Personen hat bereits Altersdiskriminierung am Arbeitsplatz erlebt.

Zudem führt die erlebte Geringschätzung durch den Arbeitgeber zum frühzeitigen Austritt aus dem Berufsleben.
(Quelle: bit.ly/1f2lSle*)*

Individualität der Leistung

Sie können sicher noch einige andere Bilder zu „jung" oder „alt" hinzufügen. Unabhängig vom Alter wird man sich das eine oder andere selbst zuschreiben. Negative Bilder verstecken sich im Denken, in unserer Sprache und vor allem in der Werbung. Und daher ist es wichtig, zu erkennen, dass Menschen und Arbeitsleistung – oder Leistung generell – sehr individuell zu sehen sind. Natürlich bringt jedes Alter gewisse Stärken mit sich, die es zu nutzen gilt, und Schwächen, die es auszugleichen gilt.

Unbestritten ist der Umstand, dass die körperliche Leistungsfähigkeit im Alter abnimmt, manchmal schon recht früh, wie Schnelligkeit oder Hörvermögen. Die Frage ist, ob es wirklich relevant ist, sich immer auf (oft nur scheinbare) Defizite zu konzentrieren. Eine Mitarbeiterin/ein Mitarbeiter wird nicht einfach nur älter. Im Gegenzug nehmen die geistigen und sozialen Kompetenzen im Lauf des Lebens zu. Durch das Erfahrungswissen können Aufgaben wesentlich leichter bewältigt werden, die Lösungskompetenz steigt.

Ina Lukl, verantwortlich für Generationenbalance bei **IBG (Innovatives Betriebliches Gesundheitsmanagement GmbH)**, konkretisiert dies am Beispiel Pflege: Der Umgang mit KlientInnen ist für jüngere MitarbeiterInnen psychologisch belastender als für ältere MitarbeiterInnen. Diese haben bereits die meisten Situation erlebt und Lösungskompetenz erworben (die sie im besten Fall an die Jüngeren weitergeben).

Individuelle Eigenschaften sind also nicht am Alter festzumachen. Alle Kompetenzen, Fertigkeiten und Fähigkeiten einer Person müssen unabhängig von ihrem Alter im Personalmanagement berücksichtigt werden!

 Nach Untersuchungen des deutschen Psychologen Guido Hertel sind ältere ArbeitnehmerInnen ein Gewinn für das Unterneh-

*men. Sie sind stressresistenter, erfahrener und teamorientiert, so
der Organisations- und Wirtschaftspsychologe an der Universität Münster im Juni 2012. Im Gegensatz zu Jüngeren müssten
Ältere sich nicht mehr auf ihre Karriere konzentrieren und geben ihr Wissen gerne weiter.*

*Für ältere ArbeitnehmerInnen sei aber ein respektvoller Umgang
durch KollegInnen und Vorgesetzte besonders wichtig. Und: Im
Gegensatz zu Jüngeren nehmen sie Einschränkungen und Re-
pressionen nicht widerspruchslos hin.*

Das Alter spielt aber natürlich in den verschiedenen Lebensphasen
oder den sogenannten Erwerbsbiografien eines Menschen eine Rolle. Eine 60-jährige Führungskraft hat andere Stärken, aber auch andere (z. B. auch gesundheitliche) Bedürfnisse als z. B. ein 40-jähriger
Familienvater oder eine 20-jährige Berufseinsteigerin.

In Anbetracht dessen, dass Unternehmen in Zukunft auf ältere
ArbeitnehmerInnen angewiesen sein werden, ist die Einführung eines Lebensphasen- oder Generationenmanagements, das auch Themen wie Gesundheit und Erhaltung der Leistungsfähigkeit berücksichtigt, im Rahmen des Diversity Managements ein Muss.

Die Vernetzung von Diversity Management mit den Themen
Sicherheit, Arbeitsmedizin und betriebliche Gesundheitsförderung
kann hier Synergien schaffen und ermöglicht ein individuelles Eingehen auf die Vielfalt der MitarbeiterInnen.

 *Ältere ArbeitnehmerInnen sind zuverlässiger und produk-
tiver als jüngere. Was viele nicht glauben wollen, hat das
Max-Planck-Institut für Bildungsforschung in Berlin im Sep-
tember 2013 veröffentlicht. Die COGITO-Studie, die dieses
Ergebnis gebracht hat, wurde von ForscherInnen aus Berlin,
Frankfurt und Schweden durchgeführt. (Quelle: bit.ly/1hB-
WXZ5)*

Die Dequalifizierungsspirale

Manche Unternehmen machen sich ihre Probleme selbst. Sie schaffen speziell für MitarbeiterInnen ab 50, sehr oft auch schon früher,

eine lernarme Umgebung und setzen damit eine hausgemachte Dequalifizierungsspirale in Gang. Was ist damit gemeint?

In einigen Unternehmen ist es oft gang und gäbe, dass ältere ArbeitnehmerInnen keine entsprechenden Fort- und Weiterbildungen
mehr erhalten. Diese sind oft den Jüngeren vorbehalten.

Oft liegt aber der Wissens- und Qualifikationserwerb, sei es
durch Lehre oder Studium, bei älteren MitarbeiterInnen weiter zurück. Aktuelles Wissen ist jedoch eine Voraussetzung, um die sich
laufend ändernden Herausforderungen auch bewältigen zu können.
Hinzu kommt noch, dass MitarbeiterInnen, die viele Jahre lang keine Fort- bzw. Weiterbildung erhalten haben, das Lernen aller Wahrscheinlichkeit nach bereits „verlernt" haben. Unternehmen sind
dann mitunter erstaunt, wenn manche MitarbeiterInnen nicht mehr
über aktuelles Wissen verfügen.

Die Versäumnisse des Unternehmens wirken sich schlussend-
lich auf diese MitarbeiterInnen aus. Sie erhalten z. B. keine neuen,
interessanten Aufgaben und Positionen mehr oder es werden ihnen weitere Aufstiegsmöglichkeiten verwehrt. Damit beginnt sich
die Dequalifizierungsspirale zu drehen. Die erlebte Benachteiligung
und Geringschätzung der Arbeitsleistung sowie der gefühlte oder
auch tatsächliche soziale Abstieg im Unternehmensgefüge lassen die
Person an sich zweifeln. Es beginnt ein innerer Rückzug. Worauf
der/die Vorgesetzte bzw. das Unternehmen seine Vorurteile bestätigt sieht.

 *Als Folge der Dequalifizierungsspirale versucht das Unter-
nehmen schließlich, den „unmotivierten" Mitarbeiter bzw. die
„unmotivierte" Mitarbeiterin z. B. in Frühpension zu schicken,
und nimmt den Verlust an Know-how und KundInnen sowie
die Kosten für die Suche nach neuen MitarbeiterInnen und die
wenig produktive Einarbeitungszeit in Kauf. Der Schaden für
die Gesellschaft wird ebenso wenig berücksichtigt (längere Pen-
sionszahlungen, Wissensverlust etc.).*

Selbstverständlich sind auch MitarbeiterInnen gefordert, Verantwortung für ihre Fort- und Weiterbildung wahrzunehmen. Inner-

halb mancher Unternehmen ist dies jedoch sehr schwierig, weil Fort- und Weiterbildungen – wie angeführt – nicht jedem/jeder gleichermaßen zur Verfügung stehen. Unternehmen müssen genau diese Ungleichbehandlung verhindern und für alle Altersgruppen entsprechende Angebote bereitstellen!

Grundlegende Kennzahlen für die Dimension Alter

Neben den angeführten Herausforderungen für das Personal- und Diversity Management eines Unternehmens gibt es natürlich noch eine Reihe weiterer Punkte, die zu berücksichtigen sind. Kennzahlen erleichtern, die für ein Unternehmen relevanten Aspekte herauszufinden. Im Zusammenhang mit Alter sollten u. a. folgende Indikatoren berücksichtigt werden:

- MitarbeiterInnen nach Alter (und Geschlecht)
- Durchschnittsalter im Unternehmen und aufgesplittet nach den jeweiligen Organisationseinheiten, Geschäftsfeldern etc.
- Weiterbildungskosten bezogen auf Altersgruppen (je MitarbeiterIn)
- Ausgaben für Gesundheit und Prävention
- Pensionsantrittsalter im Durchschnitt
- Wie viele MitarbeiterInnen nützen Altersteilzeit?
- Wie viele junge/ältere Personen werden jährlich eingestellt?
- Wie viele MentorInnen gibt es im Unternehmen?
- Welche Aktivitäten, Programme gibt es, die ein gesundes Arbeitsumfeld schaffen, welches die physische, aber auch psychische Leistungsfähigkeit erhält, verbessert oder gar erhöht (z. B. betriebliche Gesundheitsförderung)?

In diesem Zusammenhang sollten auch noch folgende Fragen beantwortet werden:

- Wie sieht es im Unternehmen mit der Vereinbarkeit von Beruf und Familie aus?
- Welche Arbeitszeitmodelle gibt es oder sind denkbar?
- Welche neuen oder flexibleren Vergütungsmodelle wären möglich bzw. denkbar?

- Sollen/können Arbeitsaufgaben neu verteilt werden?
- Sollen/müssen firmen- und eventuell mitarbeiterInnenspezifische Weiterbildungsangebote oder Lernformen entwickelt werden?

Demografie-Check als Onlinetool: Eine Analyse der betrieblichen Altersstruktur ist die Basis jeder vorausschauenden und bedarfsorientierten Personalentwicklung. Der „Demografie-Check" der Wirtschaftskammer ist ein einfaches Excel-Tool, mit dem Unternehmen in wenigen Schritten konkrete Ergebnisse über die gegenwärtige und zukünftige Altersstruktur ihrer MitarbeiterInnen erhalten. Online-Demografie-Check auf der Homepage der Wirtschaftskammer OÖ: bit.ly/L0RrjU.*

Alter: Gesundheit und Prävention

Warum sind Gesundheit und Prävention so wichtig?

Gesundheit ist ein höchst persönliches Gut jedes Menschen, das es eigenverantwortlich zu erhalten und zu fördern gilt. Die systematische Berücksichtigung von Gesundheit, Sicherheit und Prävention macht sich aber auch für Unternehmen in deren Verantwortungsbereich bezahlt. Dazu gehören die Verbesserung der Arbeitsbedingungen, ein besseres Alters- bzw. Generationenmanagement und die Förderung der Arbeitsfähigkeit natürlich während des gesamten Arbeitslebens eines Menschen.

Der Verhütung von Unfällen und von arbeitsbedingten Beschwerden und Krankheiten in allen Altersgruppen sollte also eine hohe Priorität eingeräumt werden. Aber auch die Rehabilitation und Wiedereingliederung von ArbeitnehmerInnen, die ihren Beruf etwa nach einem Arbeitsunfall, einer Krankheit oder aufgrund einer (daraus resultierenden) Behinderung über längere Zeit nicht ausüben konnten, müssen verbessert werden.

Fakt ist: Menschen verbringen einen bedeutenden Teil des Lebens am Arbeitsplatz. Und es ist eine Tatsache, dass dieser krank machen kann. Der Leistungsdruck und die gesamte Geschwindigkeit im Wirtschaftsleben steigen konstant an und verlangen nach

Maßnahmen zur Erhaltung der Leistungsfähigkeit. Nicht durchdachte Arbeitsprozesse, schlechte ergonomische Ausstattung, fehlende oder unzureichende Sicherheit und Unfallverhütung, Umgang mit gefährlichen Arbeitsstoffen, Schichtdienst, schwaches Führungsverhalten, Stress und Mobbing sind weitere Faktoren, die krank machen können und sogar zu einer Arbeitsunfähigkeit führen können. Im Wesentlichen gilt das unabhängig vom Alter der MitarbeiterInnen und ist auch von deren individueller Resilienz abhängig (siehe auch Exkurs, Seite 173).

Es zahlt sich für Unternehmen aus, hier aktiv zu managen und in Gesundheit und Sicherheit zu investieren, da neben Leid auch Kosten durch Ausfallzeiten deutlich reduziert werden können. Diversity Management betrachtet diese Thematik aus einem neuen Blickwinkel und bezieht die für die unterschiedlichen Dimensionen zusätzlich zu betrachtenden Faktoren mit ein. Auf diese Weise kann Diversity Management helfen, geeignete Lösungen zu finden, die optimal an die jeweiligen Bedingungen des Unternehmens angepasst werden.

 Nachdem Unternehmen stark zahlengetrieben und am Ertrag orientiert sind, macht es Sinn, den Nutzen der aufgewendeten finanziellen Mittel für Maßnahmen zu bewerten. Unternehmen wollen wissen, was sie für ihre Ausgaben retour bekommen. Das zeigt die Kennziffer ROI (Return on Investment). Der ROI beschreibt das Verhältnis zwischen eingesetztem Kapital und dem Gewinn einzelner Maßnahmen.
Internationale und nationale Erfahrungen belegen: 1 Euro in betriebliche Gesundheitsförderung investiert, bringt dem Unternehmen 4 Euro; 1 Euro Investition in betriebliche Weiterbildung bringt dem Unternehmen 13 Euro retour. Weitere Infos zum ROI: bit.ly/1jnQ1A7; *weitere Infos zum Mehrwert von BGF:* bit.ly/LLTHN0.

Und wieder: die demografische Entwicklung

Wie schon aufgezeigt, werden wir alle immer länger arbeiten müssen. Es ist daher eine absolute Notwendigkeit, dass Unternehmen gezielte Maßnahmen und Impulse zur Gesunderhaltung – unabhängig von den rechtlichen Mindestvorgaben – setzen. Es soll aber auch das Gesundheitsbewusstsein der MitarbeiterInnen gefördert werden, um letztendlich deren Eigenverantwortung zu stärken. Um diese Eigenverantwortung auch im Unternehmen wahrnehmen zu können, ist die MitarbeiterInnenpartizipation ein wichtiges Element dabei.

 *Wie muss die Arbeitswelt aussehen, damit ältere MitarbeiterInnen gesund und fit bleiben? Das Pilotprojekt „Sichere und gesündere Arbeitsplätze in jedem Alter – Sicherheit und Gesundheitsschutz bei der Arbeit (OSH)" soll dies klären. Das Projekt läuft seit Juni 2013. Bis Ende 2015 wollen die Europäische Agentur für Sicherheit und Gesundheitsschutz am Arbeitsplatz (EU-OSHA) und die Europäische Kommission den Status quo untersuchen. Die Ergebnisse sollen dabei helfen, europaweit gültige Grundsätze für Sicherheit und Gesundheit bei der Arbeit für ältere MitarbeiterInnen zu entwickeln.
(Quelle: bit.ly/1bMc6oz)*

Bei der *voestalpine AG* sind in Österreich rund 19.500 MitarbeiterInnen beschäftigt. Infolge stark reduzierter Personalaufnahmen steigt das Durchschnittsalter der Belegschaft kontinuierlich an. Die Arbeit in der Stahlproduktion stellt aber sehr hohe körperliche und mentale Anforderungen an die MitarbeiterInnen. Zusammen mit den notwendigen Nachtschicht-Modellen führt das dazu, dass frühe Pensionsantritte eher die Regel als die Ausnahme sind. Daher hat man bereits 2001 das Programm LIFE beschlossen (Lebensfroh, Ideenreich, Fit, Erfolgreich). Inkludiert sind dort Maßnahmen zu Arbeitszeit, Gesundheit, Weiterbildung und Sensibilisierung von MitarbeiterInnen und Führungskräften. Die Kernhandlungsfelder sind flexiblere Arbeitszeitmodelle mit Reduktion der Belastungen aus der Schichtarbeit, lebensphasenbezogene Arbeitsplatzgestaltung, Chancengleichheit und eine Sicherheits- und Gesundheitsvorsorge. Weitere Schwerpunkte sind lebensbegleitendes Lernen und die Weitergabe des Wissens von älteren an die jüngeren MitarbeiterInnen.

Die Führungskräfte erhalten eigene Ausbildungen für lebensphasenbezogenes Führen, um bewusster mit einer alternden Belegschaft umgehen zu können.

Mit der „Formel 33" erhalten MitarbeiterInnen ein Zeitguthaben von 33 Stunden pro Jahr (2 Prozent der Arbeitszeit) für fachliche und persönliche Weiterentwicklung. Damit ermöglicht man z. B. auch Älteren vermehrt Weiterbildung.

Für diese und noch eine Reihe anderer Maßnahmen im Rahmen des LIFE-Programms wurde die voestalpine schon mehrfach ausgezeichnet.

Weitere Infos unter www.voestalpine.com.

 Das Bundesministerium für Arbeit, Soziales und Konsumentenschutz verleiht seit 2010 das Gütesiegel NESTOR GOLD an alter(n)sgerechte Unternehmen und Organisationen.
Ziel ist es, in österreichischen Organisationen und Unternehmen das Bewusstsein für den besonderen Wert älterer MitarbeiterInnen zu stärken sowie die Umsetzung konkreter Maßnahmen für ältere MitarbeiterInnen zu fördern. Infos zum Erwerb des Gütesiegels auf www.nestorgold.at.

Das Potenzial Älterer

Von den 474.000 Menschen zwischen 60 und 64 Jahren sind in Österreich nur 16 Prozent, also rund 68.000 erwerbstätig. Wesentlich mehr könnten und würden es auch gerne sein. Aber schon ab 50 oder 55 Jahren ist es sehr schwierig, einen entsprechenden Arbeitsplatz zu bekommen, ab 60 Jahren ist dies fast unmöglich. Es gibt jedoch auch (sozial) engagierte Unternehmen, die erkannt haben, dass mit dem Verzicht auf Ältere auch viel Wissen und Potenzial für die Wirtschaft verloren gehen (und dass immer weniger junge MitarbeiterInnen nachkommen).

So ein Unternehmen ist z. B. die Welser Firma *Austria Bio Plastics*. Hat der Familienbetrieb früher hauptsächlich Artikel aus PVC hergestellt, so ist er heute Trendsetter der Branche mit innovativen Produkten aus Polypropylen, Karton und Acrylglas, der auch in der

Produktion auf Nachhaltigkeit setzt. Firmenchefin Renate Pyrker hat außerdem das Projekt „Jobinitiative 70plus" ins Leben gerufen.

Unter dem Motto „Jedem Alter seine Arbeit" stellt sie ältere Menschen flexibel und mit kollektivvertragsgerechter Entlohnung als freie MitarbeiterInnen oder geringfügig Beschäftigte ein. Je nach Arbeitsaufwand greift Frau Pyrker dann auf die Hilfe von zum Teil über 70-Jährigen zurück. Die älteste Mitarbeiterin ist sogar über 80. Austria Bio Plastics hat nur positive Erfahrungen damit gemacht.

Die Firma bildet aber auch Lehrlinge aus, wenn nötig, ist das Arbeiten vom Homeoffice aus möglich, und falls es an einer Betreuungsmöglichkeit mangelt, können Kinder ins Unternehmen mitgebracht werden. Auch schwer vermittelbare und lernschwache Jugendliche bekommen bei Austria Bio Plastics eine Chance.

Für ihr ganzheitliches Engagement über die Generationen hinweg hat Renate Pyrker schon einige Auszeichnungen erhalten, unter anderem im Jahr 2012 die Goldene Securitas der AUVA und WKO. Frau Pyrker: *„Es sind noch viel zu wenige Firmen, die das Potenzial der Älteren erkennen!"*

Die Unternehmerin glaubt an menschenwürdiges Wirtschaften und daran, dass die Wirtschaft für den Menschen da ist. Natürlich verliert sie die betriebswirtschaftliche Perspektive nicht aus den Augen. Darüber hinaus hat sie aber erkannt, dass ihr Unternehmen Teil der Gesellschaft ist, die ihr letztendlich das Einkommen sichert. Und dass die Einbeziehung und der Umgang mit MitarbeiterInnen (aber auch LieferantInnen und KundInnen) zudem klare ökonomische Auswirkungen haben. Renate Pyrker verbindet also soziales, ökologisches und ökonomisches Denken, Austria Bio Plastics wird damit zu einem verantwortungsvoll handelnden Akteur. Über die Motivation zu ihrem vielseitigen Engagement erklärt Renate Pyrker: *„Es kommt alles der Wirtschaft zugute, denn es ist eine Win-win-Situation. Wenn wir in der Zukunft bestehen wollen, werden wir ohne solche Modelle nicht auskommen. Mit diesem Modell komme ich ganz gut über die Runden "*

Ein Beispiel, dem auch so manch anderes Unternehmen folgen sollte.

Weitere Infos unter www.austriaplastics.at.

GOLDENE SECURITAS
Diese Auszeichnung vergeben die Allgemeine Unfallversiche-
rungsanstalt (AUVA) und die Wirtschaftskammer Österreich
(WKO). Mit der Goldenen Securitas werden alle zwei Jahre
Klein- und Mittelbetriebe ausgezeichnet, die auf dem Gebiet der
Sicherheit und des Gesundheitsschutzes sowie der Erhaltung der
Arbeitsfähigkeit vorbildliche Maßnahmen gesetzt haben.
Verliehen wird die Goldene Securitas in drei Kategorien:
* *Sicher und gesund arbeiten*
* *Innovativ für mehr Sicherheit*
* *Vielfalt bringt Erfolg! (im Jahr 2014)*
Weitere Infos unter bit.ly/1F5ziE.

XUNDI MitarbeiterInnen für Unternehmen

Der Arbeitsplatz ist ein wichtiges Lebensumfeld für Menschen. Es wird dort viel Zeit verbracht, und die Arbeit kann krank machen ... oder etwas dazu beitragen, gesund zu bleiben.

Für Letzteres hat sich das Mittersiller Unternehmen **Fahnen-Gärtner** entschieden. Die Textildruckfirma ist im Familienbesitz und Österreichs größter Fahnenhersteller.

Bei Fahnen-Gärtner wird das soziale und gesundheitliche Engagement ganzheitlich betrachtet, alle rund 120 MitarbeiterInnen werden mit einbezogen. Zum Beispiel beim Projekt XUNDI für aktive und kreative Gesundheitsförderung. Im XUNDI-Team sind alle „Berufsgruppen" des Unternehmens vertreten. Dieses Team befragt jedes Jahr die gesamte Belegschaft zu ihren gesundheitsbezogenen Bedürfnissen. Danach überlegt man sich entsprechende gesundheitsfördernde Aktivitäten, die in der Firma durchgeführt werden könnten. So kann man sichergehen, dass alle Maßnahmen von den MitarbeiterInnen mitgetragen werden.

Im Unternehmen wird auch täglich gesund und frisch gekocht und es gibt überall XUNDI-Ecken, wo Obst zur freien Entnahme aufliegt. Gemeinsame Wandertage oder Radausflüge stärken nicht nur den internen Zusammenhalt, sondern leisten einen weiteren Beitrag zum Erhalt der Arbeitsfähigkeit.

Ab 2014 wird es auch den „XUNDI-Fonds" für alle MitarbeiterInnen geben. Zusätzlich zum umfangreichen XUNDI-Jahresprogramm wird es als Erweiterung einen eigenen Fonds für alternative medizinische Maßnahmen geben, der allen MitarbeiterInnen zur Verfügung stehen wird. Gespeist wird dieser mit den Beträgen, die im Rahmen des Programms „Bewegen für den guten Zweck" zusammenkommen.

MitarbeiterInnen melden dabei die Minuten jeder aktiven Form von Bewegung, gleich ob Spazierengehen (mind. 30 Min.), Schwimmen, Fitnessstudio oder die Zeit, die sie am Rad oder bei Wanderungen verbringen. Diese werden von der Geschäftsführung am Jahresende in Geld umgewandelt und in der Regel für einen guten Zweck gespendet. Ab 2014 wird ein Teil dieses Betrages nun in den oben erwähnten Fonds fließen und nochmals aufgestockt.

Daraus sollen dann Maßnahmen aus der Homöopathie, Psychologie, Kinesiologie, Aura Soma, Physiotherapie usw. in Anspruch genommen werden können. Verwaltet wird der Fonds vom Betriebsrat.

Was bei allen erfolgreichen Projekten zu beobachten ist, findet sich auch bei Fahnen-Gärtner: das Commitment der Leitung und die Einbeziehung der Führungskräfte. Für Letztere gibt es einschlägige Schulungen und der Geschäftsführer, Gerald Heerdegen, steht zu 100 Prozent hinter diesem Projekt.

XUNDI wurde bereits zwei Mal mit dem Gütesiegel für Betriebliche Gesundheitsförderung des Österreichischen Netzwerkes für BGF ausgezeichnet.

Weitere Infos unter www.fahnen-gaertner.com.

 Auch an diesem Beispiel ist erkennbar, dass Gesundheitsförderung und Prävention auf jeden Fall das Führungscommitment brauchen.

Gesundheit – der unberücksichtigte Zukunftsfaktor

Ein nachhaltiger Erfolg stellt sich also nur ein, wenn Gesundheit und Prävention als Aufgaben des Managements und der Führungskräfte wahrgenommen werden und das Unternehmen finanzielle und zeitliche Ressourcen zur Verfügung stellt. Auch die Bedeutung der Vorbildwirkung des Managements darf nicht unterschätzt werden.

An Wirtschaftsuniversitäten lernt man, dass Wirtschaftstheorien, Bilanzen und Marketing für den wirtschaftlichen Erfolg wesentlich sind, aber leider noch wenig darüber, dass Investitionen in Gesundheit, Sicherheit und Prävention der MitarbeiterInnen für den Erfolg in der Zukunft entscheidend sein werden.

So ist sich laut Birgit Kremsner, Human Resources Consultant bei HP, das Unternehmen **Hewlett-Packard** bewusst, dass gesunde und motivierte MitarbeiterInnen Voraussetzung für den Unternehmenserfolg sind. Die Gesundheitsinitiative von HP „Fit&Well" ist auf vier Säulen aufgebaut: gesunde Ernährung, Sport, Stressprävention und Konzept der Arbeitsumgebung. Im Jahr 2013 wurde ein besonderer Fokus auf das integrierte Stressmanagement-/Burnoutpräventionskonzept gelegt: So gibt es bei HP individuelle Coachingsessions für MitarbeiterInnen jeden Alters. Im Bereich Gesundheit & Bewegung gibt es laufend Angebote, wie Yoga, Taeboxen, Rückenfit, Fitness-Checks, Fitness-Events („Picnessday" – Fitness und Picknick verbinden und dazu die Familie mitnehmen) sowie Initiativen wie beispielsweise „Power of Prevention" oder eine Awareness-Kampagne mit jeweils unterschiedlichem Fokus (z. B. Brust-, Haut-, Darmkrebs). Zu den Gesundheitsprogrammen sind MitarbeiterInnen und Führungskräfte gleichermaßen eingeladen und aktiv dabei.

 Juhani Ilmarinen, Professor vom Finnish Institute of Occupational Health, der wesentlich dazu beigetragen hat, dass Finnland heute die Nummer eins bei der Beschäftigung älterer Arbeitskräfte ist: „Viele denken, dass eine Pensionsreform die Lösung zur Reform des Arbeitslebens ist. Was wir aber brauchen, ist eine Gesinnungsänderung in den Köpfen der Manager. Alle Generationen können produktiv sein, wir brauchen dazu nur gute Manager."

Gesundheit und die Erreichbarkeit der Jungen

Gesundheit, finanzielle Unabhängigkeit und eine glückliche Familie stehen auf der Wunschliste österreichischer Jugendlicher ganz oben.

Jeder Dritte wünscht sich für die Zukunft Gesundheit. So das Ergebnis aus der Befragung für den aktuellen Jugend-Trend-Monitor unter mehr als 2.500 Jugendlichen von 14 bis 29 Jahren (durchgeführt von marketagent.com und DocLX im September 2013).

Gesundheit hat also bei Jugendlichen einen hohen Stellenwert, dürfte man meinen. Dem widerspricht z. B. die im Oktober 2013 veröffentlichte Studie der Organisation für wirtschaftliche Zusammenarbeit und Entwicklung (OECD). Bei den jugendlichen RaucherInnen liegt Österreich auf Platz 1 aller OECD-Länder. In der Altersgruppe der 15-Jährigen rauchen bereits 25 Prozent der Buben und sogar 29 Prozent der Mädchen. Und beide greifen auch gerne zum Alkohol. 31 Prozent der 15-jährigen Mädchen und 39 Prozent der 15-jährigen Burschen waren bereits zumindest zweimal betrunken.

 Warum das relevant ist? Weil sich im Berufsleben – und früher oder später treten die Jugendlichen in die Arbeitswelt ein – gezeigt hat, dass junge Menschen nur schwer für berufliche Gesundheitsförderung und Präventionsthemen erreichbar sind.

„Junge sind schwer mit Gesundheit zu locken", bestätigt Martina Kaburek, Leiterin ArbeitnehmerInnenschutz an der *Universität Wien*. Auch weil Ärztinnen und Ärzte die Jugend nicht immer ansprechen, auch im wörtlichen Sinn. Die Sprache ist einfach eine andere. An den Gesundheitstagen der Universität Wien werden die Jungen daher anders „angesprochen". Mit „Alterungsprogrammen" (PC-Programme), die am eigenen Bild den Alterungsprozess (und Verfall) des Gesichtes mit und ohne Rauchen zeigen, was sehr oft geschockte Gesichter vor Ort auslöst. Oder mit „Kostenrechnern", die zeigen, wie viel Geld man sich ohne Rauchen ersparen und was man damit sonst kaufen könnte.

Gefährlicher Start in den Beruf

Der Einstieg ins Berufsleben ist für junge Menschen ein Schritt auf unbekanntes Terrain. Das zeigen auch die Unfallstatistiken. In Europa liegt die Wahrscheinlichkeit, dass 15- bis 24-Jährige am Arbeitsplatz einen Unfall erleiden, um mindestens 50 Prozent über der von anderen Altersgruppen. Neben der Forstwirtschaft und der Holzverarbeitung gehören die Bauberufe zu den Branchen, in denen sich – bezogen auf die Anzahl der Beschäftigten – generell die meisten Arbeitsunfälle ereignen. Speziell hier zeigt sich, dass besonders Jugendliche einem höheren Unfallrisiko ausgesetzt sind als erfahrene ArbeitnehmerInnen.

Die Gründe dafür sind unterschiedlich. Im Wesentlichen fehlt es natürlich an Erfahrung, aber oft auch an physischer und psychischer Reife. Themen wie Sicherheit und Gesundheitsschutz haben für junge Menschen selten Priorität. Viele glauben einfach an die eigene Unbesiegbarkeit. Für ArbeitgeberInnen bedeutet dies aber, dass sie BerufseinsteigerInnen (auch Lehrlinge) oder MitarbeiterInnen, die nach dem Wehrdienst wieder ins Berufsleben einsteigen, nicht wie ältere ArbeitnehmerInnen behandeln können.

Dass junge Menschen auch im Berufsleben risikofreudiger sind, bestätigt auch Renate Novak vom Zentral-Arbeitsinspektorat im ***Bundesministerium für Arbeit, Soziales und Konsumentenschutz (BMASK)***. Sie weist darauf hin, wie wichtig speziell hier die persönliche Unterweisung vor der Aufnahme einer Tätigkeit ist. Übertragene Arbeiten müssen zuvor auf Eignung überprüft werden (zusätzlich zur Gefährdungsbeurteilung laut ArbeitnehmerInnenschutzgesetz).

Und es ist wichtig, sich davon zu überzeugen, dass die Unterweisung und die Sicherheitshinweise auch verstanden wurden! Letzteres gilt jedoch nicht nur für junge MitarbeiterInnen.

Informationen über Sicherheit und eine Aufsicht sollten also selbstverständlich sein.

 Arbeitsunfälle und Berufskrankheiten stellen für die Betriebe und die Volkswirtschaft Österreichs eine enorme finanzielle Belastung dar, mehr als 3 Milliarden Euro gehen dadurch jährlich verloren. Ein einziger Unfall kann das Leben einer ganzen Familie verändern und viel Leid für die Betroffenen und deren Angehörige verursachen. Jugendliche ArbeitnehmerInnen sind auf Baustellen besonders gefährdet. Fast die Hälfte aller Unfälle wird von Personen erlitten, die das 25. Lebensjahr noch nicht vollendet haben. (Quelle: bit.ly/19lhwRm*)*

Möglichkeit: Auszubildende unterweisen Auszubildende

Dass Prävention zum Gesundheitsschutz für junge Menschen bei der Arbeit funktionieren kann und dabei nicht teuer sein muss, zeigt ein Blick zu unseren deutschen Nachbarn. Dort hat *RWE*, einer der größten Energiedienstleister Deutschlands, schon vor Jahren die Erfahrung machen müssen, dass sich die meisten Arbeitsunfälle von Lehrlingen (Deutschland: Azubis) ereignen, wenn sie so genannte Grundfertigkeiten wie Sägen oder Schweißen erlernen. Das daraufhin erstellte Programm „Auszubildende unterweisen Auszubildende (AuA)" sollte dazu beitragen, die Zahl und Schwere dieser Unfälle zu verringern.

Die Lehrlinge unterstützten sich dabei gegenseitig. Die „höheren Lehrjahre" brachten ihren jüngeren KollegInnen die wichtigen sicherheitsrelevanten Kenntnisse bei – und das auf Augenhöhe. Die Akzeptanz des so Vermittelten war höher als bei herkömmlichen Schulungsmethoden. Der Erfolg war groß, die Unfallzahlen sanken dramatisch, sodass das Projekt mittlerweile als Ausbildungsbestandteil komplett in die technisch-gewerbliche Ausbildung integriert ist.

Die *Westnetz GmbH* (www.westnetz.de) – die Verteilnetzgesellschaft innerhalb der RWE Deutschland AG – führt das Konzept aufgrund des guten (und weiterhin anhaltenden) Erfolges für die mehr als 500 Auszubildenden weiter. *„Wir sind mit der einfachen Handhabbarkeit sehr zufrieden und AuA hat sich inzwischen zum ‚Selbstläufer' entwickelt"*, ergänzt Michael Schlinkmann vom Betriebssicherheitsmanagement. AuA wird nun standardmäßig im 3. Ausbildungsjahr durchgeführt.

Für das 2. Ausbildungsjahr wurde inzwischen eine weitere Art der Sensibilisierung für das Thema Arbeitssicherheit installiert: die Sicherheitszirkel.

In kleinen Projektarbeitsgruppen von ca. drei bis sechs Personen sollen Lehrlinge Sicherheitsrisiken in ihrem Arbeitsumfeld erkennen und diskutieren. Dann werden Vorschläge zu deren Beseitigung erarbeitet, inklusive einer Kosten-Nutzen-Rechnung. Die Ergebnisse werden einer Gruppe von Entscheidern präsentiert und gegebenenfalls umgesetzt.

Michael Schlinkmann: *„Als Fazit lässt sich sagen: Die direkte Beteiligung der Lehrlinge hat deutlich zum besseren Verständnis für Arbeitssicherheits-, Gesundheitsschutz- und Umweltschutzthemen beigetragen. Die Unfallquoten im Lehrlingsbereich bewegen sich seit der Einführung dieser Maßnahmen kontinuierlich auf einem erfreulich niedrigen Niveau, was gleichzeitig auch die Unfallschwere betrifft."*

Das Beispiel zeigt, wie konkret auf die Bedürfnisse von jungen Menschen eingegangen wurde und wie man diese in „ihrer" Sprache ansprechen und damit erreichen kann. Der Erfolg des Programms wird sich durch die Vermeidung von Unfällen und der damit verbundenen (schweren) Verletzungen durch das gesamte Berufsleben der TeilnehmerInnen ziehen. Gelungene Prävention und Partizipation also.

Betriebe, die neben der Einhaltung der rechtlichen Vorschriften über eine gut etablierte Sicherheits- und Fehlerkultur verfügen, inklusive systematischer Berücksichtigung von Beinaheunfällen, können die Ausfallzeiten durch arbeitsbedingte Unfälle (4 pro 100 MitarbeiterInnen erleiden einen Unfall) oder Erkrankungen um die Hälfte senken. (Quelle: bit.ly/IAV7IR*)*

Zeig, was in dir steckt!

In einem Interview mit ZEIT ONLINE (November 2013) erzählte der Personalvorstand der **Deutschen Bahn**, Ulrich Weber, über den Umgang mit jungen und älteren MitarbeiterInnen.

Bei der Deutschen Bahn sind derzeit rund 320.000 Menschen beschäftigt, bis 2020 gehen rund 80.000 davon in Rente. Um die Älteren länger zu halten, wurde eine spezifische Arbeitszeitregelung vereinbart. Unter dem Begriff „Teilzeit im Alter" können MitarbeiterInnen ab einem gewissen Alter und einer entsprechenden Betriebszugehörigkeit etwas weniger arbeiten und bekommen dafür eine Kompensation.

Ältere MitarbeiterInnen, die großen körperlichen Belastungen ausgesetzt sind, wie etwa Rangierer, versucht man rechtzeitig für eine andere Tätigkeit zu qualifizieren. Dass das nicht immer einfach ist, bestätigt Weber. Aber er weist auch darauf hin, dass von der Ansicht weggekommen werden müsse, dass ältere MitarbeiterInnen in der Arbeitswelt keinen Platz mehr haben. Denn auch Ältere können einen neuen Job erlernen und mit Freude einer Tätigkeit nachgehen. Arbeit kann auch so gestaltet werden, dass sie nicht nur Mühe bedeutet. Ulrich Weber ist 63 und hat seinen Vertrag bis 2017 verlängert.

Um dem Fachkräftemangel entgegenzuwirken, wird bei der Deutschen Bahn auch auf die Jungen gesetzt. Ganz speziell auf „nicht ausbildungsreife Jugendliche". Das Einstiegsprogramm „Chance Plus – Zeig, was in dir steckt" soll diesen Jugendlichen durch individuelle Betreuung ihre Fähigkeiten so aufzeigen, wie sie es zuvor nicht erlebt haben, und sie auf eine Berufsausbildung oder auf einen direkten Jobeinstieg vorbereiten. Praktische und schulische Ausbildungsphasen wechseln sich ab.

In der praktischen Ausbildungsphase spezialisiert sich der oder die Jugendliche auf ein gewähltes Berufsbild (z. B. Metallbearbeitung oder Service im Zug) und hat auch hier immer eine Ansprechpartnerin/einen Ansprechpartner an der Seite.

In den schulischen Ausbildungsphasen werden die Allgemeinbildung und das schulische Wissen aufgefrischt (z. B. Mathematik, Deutsch, Englisch und EDV). Kurse für Konfliktmanagement sowie Bewerbungs- und Kommunikationstraining runden diesen Teil der Ausbildung ab.

Über die gesamte Zeit stehen dem/der Jugendlichen auch qualifizierte SozialpädagogInnen mit Rat und Tat zur Seite.

Die Erfolgsquote liegt bei 75 bis 80 Prozent und das Unternehmen erhält sehr loyale MitarbeiterInnen. (Quelle: bit.ly/IvQpwA)

Weitere Infos unter bit.ly/1bl9nfF.

Auch beim Röntgeninstitut *Diagnosezentrum Brigittenau* ist altersgerechtes Arbeiten schon länger ein Thema. Für die beiden Dozenten und Leiter des Diagnosezentrums Friedrich Winkelbauer und Bernhard Partik hat die Work-Life-Balance besonders hohen Stellwert: Mit dem Programm „Kinder- und familienfreundliche Arbeitsplätze für alle" ist die Arbeitszeit individuell zwischen 15 bis 40

Stunden wählbar. Für MitarbeiterInnen mit Kleinkindern werden auch Fernarbeitsplätze eingerichtet. Für diese Maßnahmen wurde das Diagnosezentrum Brigittenau mit der Goldenen Securitas 2012 für KMU in der Kategorie „Jedem Alter seine Arbeit" ausgezeichnet.

Infos zum Diagnosezentrum: www.winkelbauer.cc.

 Im Internet finden Sie auf www.good-practice.org *– der Name ist Programm – eine Reihe weiterer Good-Practice-Beispiele erfolgreich umgesetzter Projekte anderer Unternehmen, u. a. zu den Themen:*

- *Arbeitsschutzorganisation, Arbeitsmittel und Arbeitsumgebung*
- *Arbeitszeit*
- *Betriebsklima und Unternehmenskultur*
- *Betriebliches Gesundheitsmanagement*
- *Demografischer Wandel*
- *Work-Life-Balance*

Zusammenfassung

Der demografische Wandel ist durch Zahlen belegt und nicht mehr von der Hand zu weisen. Wenn Unternehmen (und auch die Politik) nicht rechtzeitig darauf reagieren, wird es viele VerliererInnen geben. Obwohl hier gut vorhersehbare Veränderungen auf uns zukommen, hat es noch oft den Anschein, dass eine gewisse Ratlosigkeit darüber herrscht, auf welche Weise mit dem Wandel umzugehen ist. Und das nicht nur seitens der Politik, sondern vor allem auch seitens der Unternehmen. Zukunftsorientierte Unternehmen müssen jetzt handeln und innovativ sein.

Letztendlich wird es darauf hinauslaufen, dass wir in Zukunft alle länger arbeiten werden müssen. Die Erhaltung der Arbeitsfähigkeit durch präventive und andere Gesundheitsmaßnahmen wird für Wirtschaft und Gesellschaft immer bedeutsamer. Eine schlechte Arbeitsfähigkeit führt zumeist zu einem frühzeitigen Ausstieg aus dem Berufsleben – ein enormer Nachteil für Gesellschaft und Unternehmen.

Im Kapitel wurde darauf hingewiesen, dass Arbeitsfähigkeit in vielen Aspekten messbar und förderbar ist. Und zwar schon bei jungen Menschen und bis hin ins hohe Erwerbsalter. Politik und Unternehmen sollten – aus Eigeninteresse – einen Beitrag leisten. Unternehmen sind gefordert, sichere und ergonomische Arbeitsplätze zu garantieren, über flexible Arbeitszeitmodelle, Job Rotation und Job Sharing nachzudenken, Gesundheits- und Präventionsprogramme anzubieten, auf altersgemischte Teams zu achten sowie z. B. Mentoringprogramme zu überlegen. Dafür erhalten sie länger arbeitsfähige, loyale und motivierte MitarbeiterInnen. Natürlich bleibt die individuelle Eigenverantwortung eines jeden Einzelnen für die eigene Gesundheit bestehen.

Auch die Einstellung gegenüber dem Alter muss sich verändern. Altersdiskriminierung ist die am Arbeitsplatz am häufigsten angegebene Diskriminierungsform. Für ArbeitnehmerInnen ist die geringe Wertschätzung, die ArbeitgeberInnen oftmals den älteren MitarbeiterInnen entgegenbringen, ein gewichtiger Grund für ein frühes Ausscheiden aus dem Arbeitsmarkt.

Diversity Management kann dabei helfen, die individuellen Bedürfnisse der Altersgenerationen zu erkennen.

Exkurs betriebliche Gesundheitsförderung (BGF)

Gesunde MitarbeiterInnen in gesunden Betrieben

Außer Zweifel steht mittlerweile der Umstand, dass der Arbeitsplatz die Gesundheit und Krankheit der ArbeitnehmerInnen auf verschiedene Art und Weise beeinflusst.

Arbeit kann krank machen, wenn Menschen unter gesundheitsgefährdenden Bedingungen arbeiten müssen oder für die Tätigkeit nicht qualifiziert genug sind. Arbeit kann aber auch zur körperlichen und psychischen Gesundheit und Gesunderhaltung beitragen, wenn die optimalen Rahmenbedingungen vorliegen.

Die betriebliche Gesundheitsförderung (BGF) soll die Faktoren beeinflussen, die diese Rahmenbedingungen ermöglichen, um damit die Gesundheit der Beschäftigten zu verbessern.

Ohne den Begriff „betriebliche Gesundheitsförderung" noch zu kennen, wurde ein wesentlicher Grundstein dazu bei der ersten „Internationalen Konferenz zur Gesundheitsförderung" (Ottawa Charter for Health Promotion) der WHO (Weltgesundheitsorganisation der UN) in Ottawa/Kanada gelegt. Im November 1986 wurde dort eine Charta verabschiedet, die zum aktiven Handeln für das Ziel „Gesundheit für alle bis zum Jahr 2000 und darüber hinaus" aufruft (Charta unter bit.ly/IxRsvP abrufbar). Unter anderem wurde die Schaffung von „gesundheitsförderlichen Lebenswelten" gefordert.

Luxemburger Deklaration zur betrieblichen Gesundheitsförderung

Schon konkreter war man 1997. In diesem Jahr wurde die „Luxemburger Deklaration" (bit.ly/1dWHxOu) zur betrieblichen Gesundheitsförderung in der EU von allen Mitgliedern des Europäischen Netzwerkes für betriebliche Gesundheitsförderung verabschiedet. Denn *gesunde, motivierte und gut ausgebildete Mitarbeiter sind sowohl in sozialer wie ökonomischer Hinsicht Voraussetzung für den zukünfti-gen Erfolg der Europäischen Union".*

Betriebliche Gesundheitsförderung umfasst demnach *„alle ge-meinsamen Maßnahmen von Arbeitgebern, Arbeitnehmern und Gesell-schaft zur Verbesserung von Gesundheit und Wohlbefinden am Arbeits-platz".*

Folgende Ansätze sollen laut Luxemburger Deklaration miteinan-der verknüpft werden:

• Verbesserung der Arbeitsorganisation und der Arbeitsbedingun-gen
• Förderung einer aktiven MitarbeiterInnenbeteiligung
• Stärkung persönlicher Kompetenzen

In der Fassung von Jänner 2007 wurde die Deklaration erweitert:
„Betriebliche Gesundheitsförderung ist eine moderne Unternehmensstra-tegie, die zum Ziel hat, Gesundheit und Leistungsfähigkeit miteinander zu verbinden. Unter betrieblicher Gesundheitsförderung versteht man alle Maßnahmen, die von ArbeitnehmerInnen und ArbeitgeberInnen ge-meinsam zur Verbesserung der Gesundheit und der Steigerung des Wohl-befindens am Arbeitsplatz gesetzt werden."

Verschiedene Ansätze

Wie bei vielen Definitionen gibt es auch für BGF eine Reihe von Interpretationen, wobei natürlich jede von der eigenen allgemeinen Gültigkeit ausgeht.

„Beschäftigte zu gesünderen Lebensweisen bewegen" ist eine da-von, gibt aber nur einen Teilaspekt von BGF wieder. BGF ist auch kein innerbetriebliches Wellnessprogramm, wie sie von manchen Unternehmen noch gesehen wird.

Sicher ist aber, es gibt für BGF kein allgemein gültiges und für jeden Betrieb passendes Einheitsprogramm. BGF muss auf die indi-viduelle Situation und Bedürfnisse des Unternehmens zugeschnitten sein. Daher ist die Durchführung einer Ist-Analyse auch ein grund-legender Schritt bei der Implementierung. Darüber hinaus ist die

Einführung von BGF grundsätzlich ein strukturierter Prozess, der begleitet werden sollte.

Das österreichische Netzwerk „Betriebliche Gesundheitsförderung" mit Informationen zum Thema, Best Practice-Beispielen und Unterstützung bzw. Begleitung bei der Einführung von BGF finden Sie unter bit.ly/1bq3Vwe.

 Der ROI (Return On Investment) für Maßnahmen im Bereich der betrieblichen Gesundheitsförderung wird in einschlägigen internationalen Studien (z. B. Bundesverband der deutschen Betriebskrankenkassen) mit dem Verhältnis 1:3 beziffert, was dieses Instrumentarium als ökonomisch hocheffektiv ausweist. (Quelle: bit.ly/1ch0Xaj*)*

Im Zuge der BGF sollte das Diversity Management mit einbezogen werden. Beide Strategien gehören abgeglichen und auf Synergien geprüft. Damit kann sichergestellt werden, dass BGF gezielt alle MitarbeiterInnen eines Unternehmens erreicht. So sollte man bei den Gesundheitszirkeln im Rahmen des BGF auf die Zusammensetzung der Gruppen achten, sodass möglichst alle Diversity-Dimensionen abgebildet werden.

Dimension „Menschen mit Behinderung"

Barrieren in unseren Köpfen

Die UN-Behinderten-Rechts-Konvention sagt:
„Alle Menschen auf der ganzen Welt
sollen die gleichen Rechte haben:
Menschen mit Behinderung
und Menschen ohne Behinderung. "

Auch die „Allgemeine Erklärung der Menschenrechte" führt in ihrem ersten Artikel an: *„Alle Menschen sind frei und gleich an Würde und Rechten geboren. "* Was aber, wenn Menschen durch eine körperliche oder psychische Einschränkung von ihrer Umwelt als „nicht gleich" erlebt oder für „nicht gleich" angesehen werden? Und wenn unterschiedlichste Barrieren eine Teilhabe am gesellschaftlichen Leben schwer oder manchmal unmöglich machen? Oder wenn Menschen ihre Rechte nicht wahrnehmen können? All das passiert sehr oft Menschen mit einer Behinderung, und von gleichen Rechten oder gleichen Möglichkeiten kann dann nicht mehr die Rede sein. Nicht immer ist es Ignoranz oder gar Bosheit, die zu diesen Benachteiligungen führt. Sehr oft ist es fehlendes Wissen oder ein „Weiß-nicht-wie-ich-mich-verhalten-soll". Diversity Management hilft dabei, Bewusstsein zu schaffen und Handlungsmöglichkeiten zum Abbau von Barrieren aufzuzeigen. Ziel soll immer sein, Menschen mit Behinderung ein selbstbestimmtes Leben zu ermöglichen und die Hindernisse, die Menschen mit einer Beeinträchtigung behindern, zu beseitigen.

Behinderung ist nicht immer angeboren

Viele der angeführten Aspekte in diesem Kapitel bzw. in diesem Buch sollen auch dazu beitragen, präventiv Behinderungen zu vermeiden. Denn oft ist es gar nicht bewusst, dass die wenigsten Menschen mit Behinderung geboren werden. 95 Prozent der Menschen werden dies erst im Lauf des Berufs- und Erwerbslebens! Vor allem durch arbeitsbedingte Unfälle oder (Berufs-)Erkrankungen. Und mit zunehmendem Alter steigt das Risiko. Somit kann also jeder von uns selbst Betroffene oder Betroffener werden!

Was ist überhaupt eine „Behinderung"?

Ein „Mensch im Rollstuhl" oder „ein Blinder", das sind die klassischen Bilder eines Menschen mit Behinderung, welche viele von uns im Kopf haben. Doch das sind nur zwei Formen der Behinderung, und zwar gut sichtbare. Eine schwere Allergie oder COPD (Chronic Obstructive Pulmonary Disease, der deutsche Begriff lautet chronisch obstruktive Lungenerkrankung) zählen oft auch dazu und sind nicht auf den ersten Blick sichtbar. Psychische Beeinträchtigungen oft auch auf den zweiten Blick nicht. Auch jemand, der sehr stark kurzsichtig ist und eine Brille trägt, wird nicht als behindert wahrgenommen, muss aber mit zahlreichen Barrieren im täglichen Leben umgehen lernen.

Erfahrungen mit Barrieren und dem Thema Behinderung machen auch Menschen, die z. B. nach einem Unfall vorübergehende Mobilitätsbeeinträchtigungen aufweisen. Aber auch Mütter oder Väter mit Kinderwagen sind oftmals mit Barrieren konfrontiert, die sie behindern.

Man kann Behinderung also nicht immer aus einer medizinischen Perspektive betrachten. Behinderung entsteht oftmals erst aus der Interaktion mit der Umwelt und nicht immer aufgrund einer körperlichen Beeinträchtigung. Die Barrieren werden in der Gesellschaft geschaffen. Daraus können wir folgern, dass die Formen, wie Behinderungen auftreten, vielfältig und unterschiedlich sind.

Ähnlich verhält es sich auch bei der Definition des Begriffes. Die Erklärungen von Berufsgruppen wie MedizinerInnen, PsychologInnen oder SoziologInnen unterscheiden sich oft stark von den Definitionen der Behindertenverbände.

Daher ist es hilfreich, sich im ersten Schritt das Verständnis von „Behinderung" der UN-Behindertenrechtskonvention anzusehen, die im Jahr 2008 von Österreich ratifiziert wurde:

*„Zu den Menschen mit Behinderungen zählen Menschen, die lang-
fristige körperliche, seelische, geistige oder Sinnesbeeinträchtigungen
haben, die in Wechselwirkung mit verschiedenen Barrieren ihre volle
und wirksame Teilhabe gleichberechtigt mit anderen an der Gesellschaft
behindern können."*

Im § 3 des österreichischen Bundes-Behindertengleichstellungsgesetzes wird die Definition im Wesentlichen um die Dauer ergänzt,
ab wann von einer Behinderung gesprochen wird:

*„Behinderung im Sinne dieses Bundesgesetzes ist die Auswirkung
einer nicht nur vorübergehenden körperlichen, geistigen oder psychischen
Funktionsbeeinträchtigung oder Beeinträchtigung der Sinnesfunktionen,
die geeignet ist, die Teilhabe am Leben in der Gesellschaft zu erschweren.*

*Als nicht nur vorübergehend gilt ein Zeitraum von mehr als voraus-
sichtlich sechs Monaten."* (Quelle: BMSAK, bit.ly/KoHp71)

Wobei hier anzumerken ist, das diese Festlegung auf sechs Monate
nur ein Anhaltspunkt sein sollte. Viele chronische Erkrankungen
treten in Schüben auf, die auch kürzer als sechs Monate dauern
können.

Erst im Jahr 2010 (durch die sogenannte Einschätzverordnung)
wurden zeitgemäße medizinische Kriterien und Parameter für die
Feststellung des Grades der Behinderung festgelegt, die die Regelungen aus dem Jahre 1957 (!) ablösten. Der ursprüngliche Rahmen war
vor allem auf die große Anzahl der Kriegsversehrten zugeschnitten.

Dennoch gibt es in Österreich bei Bundes- und Landesgesetzen
Unterschiede. Diese Gesetze haben unterschiedliche Zielsetzungen
und enthalten entsprechend unterschiedliche Definitionen von Behinderung. Ein Umstand, der im September 2013 vom UN-Komitee
für die Rechte von Menschen mit Behinderung kritisiert wurde. Das
Komitee verwies auf diese mannigfachen Sichtweisen von Behinderung in Gesetzen und Richtlinien und empfahl eine einheitliche
Definition im Sinne der UN-Konvention. Auch die Kompetenz-
zersplitterung ist dem Komitee ein Dorn im Auge und sie empfahl
einen übergreifenden gesetzlichen Rahmen auf Bundes- und Län-
derebene.

Wussten Sie, dass in Österreich rund 47.000 Menschen mit intellektueller Behinderung leben? Intellektuelle Behinderung ist keine Krankheit – sie ist eine Beeinträchtigung der intellektuellen Fähigkeiten, nicht aber der sonstigen Wesenszüge. Ursachen für eine intellektuelle Behinderung können Chromosomenabweichungen, Blutgruppenunverträglichkeit, Unfälle, Stoffwechselerkrankungen, Schädigungen des Gehirns (vor, während oder nach der Geburt) sein. Menschen mit Behinderungen sind „Menschen wie du und ich". (Quelle: Verein Lebenshilfe Kärnten, bit.ly/1c9NtwR*)*

Integration vs. Inklusion

Die formalen Definitionen von Behinderung gehen im Wesentlichen nur auf die (medizinischen) Defizite eines Menschen ein und sagen nichts über die gesellschaftliche Situation der Menschen mit Behinderung aus. Bis vor wenigen Jahren wurde in diesem Zusammenhang zumeist von einer *Integration* Behinderter *in die* Gesellschaft gesprochen. Erst mit der UN-Behindertenrechtskonvention aus dem Jahre 2006 erfolgte ein Paradigmenwechsel, der sich im Menschenrechtsansatz der Konvention begründete.

Behinderung wird damit aus einer anderen Perspektive betrachtet. Es wird nicht mehr der Mensch mit einer Beeinträchtigung als behindert gesehen, sondern erst die Barrieren in der Umwelt machen ihn oder sie zu einem oder einer Behinderten. Mit Umweltbarrieren sind vor allem die sozialen Barrieren gemeint, die eine gleichberechtigte Teilnahme in unserer Gesellschaft verhindern – behindert ist also, wer behindert wird.

Die UN-Konvention verlangt daher die Inklusion von Menschen mit Behinderung. Nicht der Mensch muss sich an die Gesellschaft anpassen (und integrieren), sondern die Gesellschaft muss die Rahmenbedingungen schaffen, die dem Menschen mit Behinderung eine vollständige Teilhabe und ein selbstbestimmtes Leben ermöglichen.

Menschen mit Behinderungen lachen, fühlen, lieben und sind traurig. Menschen mit Behinderungen brauchen nur zum Erlernen von Dingen des täglichen Lebens etwas mehr Zeit und sind auf die Hilfe von anderen angewiesen. Jeder Mensch mit Behinderung ist jedoch individuell entwicklungsfähig, wenn er die nötige Unterstützung erhält. Er hat wie jeder andere Anspruch auf Menschenwürde und ein Leben, das seinen Anforderungen gerecht wird. (Quelle: Verein Lebenshilfe Kärnten, bit.ly/1c9NtwR*)*

In der deutschen Übersetzung der UN-Konvention findet sich aber das Wort „Integration" dort, wo „Inklusion" stehen müsste. Ein Umstand, der vom UN-Komitee im September 2013 als „schlampige Übersetzung" bezeichnet wurde. Damit würde die Bedeutung der Konvention nicht genau wiedergegeben.

Hier dürfte dennoch ein Umdenken in Österreich erfolgen. Der „Nationale Aktionsplan Behinderung 2012–2020 – Strategie der Österreichischen Bundesregierung zur Umsetzung der UN-Behindertenrechtskonvention" hat die Devise „Inklusion als Menschenrecht und Auftrag". Darin wird Folgendes festgelegt: *„Menschen mit Behinderungen sollen ein selbstbestimmtes Leben in Würde führen können, und es soll ihnen die volle gesellschaftliche Teilhabe ermöglicht werden."* Das visionäre Ziel bis zum Jahr 2020 ist – in Übereinstimmung mit der UN-Behindertenrechtskonvention – die inklusive Gesellschaft, wonach behinderte und andere benachteiligte Menschen an allen Aktivitäten der Gesellschaft teilhaben können.

Ein weiteres Ziel dieses auf mehrere Jahre ausgerichteten nationalen Aktionsplans (NAP Behinderung) ist die Anerkennung, *„dass behinderte Menschen zur Vielfalt in der Gesellschaft beitragen. Diese Vielfalt bringt Chancen und Nutzen für alle (Diversity-Ansatz)"* (Quelle: bit.ly/HiSDhM).

Es wäre wünschenswert, wenn 2020 über die erfolgreiche Umsetzung dieses nationalen Aktionsplans berichtet werden könnte.

Inklusion und Schulen

Wenn man von Inklusion spricht, darf man keinesfalls unsere Bildungslandschaft unerwähnt lassen. Inklusion müsste schon in Kindergarten und Schule beginnen. Gemeinsame Klassen für Kinder mit und ohne Behinderung – also das Abgehen von Sonderschulen – müssen hier ein Ziel sein. Eine sonderpädagogische Betreuung ist nur dann notwendig, wenn das Regelschulsystem nicht die entsprechenden Voraussetzungen für beeinträchtigte Kinder bietet. Der Kontakt zwischen beeinträchtigten und nichtbeeinträchtigten Kindern ist von enormer Bedeutung, denn nur so kann eine in allen Bereichen – sozial, kognitiv, motorisch und emotional – ausgewogene Förderung erfolgen. Dadurch würde der Umgang mit Behinderung auch zur Selbstverständlichkeit werden. Zudem ist der Besuch einer sonderpädagogischen Einrichtung nicht selten der Beginn von Diskriminierung durch eine Stigmatisierung, die Menschen mit Behinderung dann oft durchs Leben begleitet. Bei den Bemühungen um einen gemeinsamen Unterricht steht unsere Gesellschaft jedoch noch ziemlich am Anfang.

Eines muss in diesem Zusammenhang klar sein: Die Inklusion von Menschen mit Behinderung ist ein Menschenrecht und keine Sozialmaßnahme!

 „Eine Behinderung zu haben, ist eine Sache, mit der ich lernen kann umzugehen. Behindert zu werden hingegen ist viel schwerer zu akzeptieren." Raúl Krauthausen via Twitter (Quelle: http://raul.de/)
Krauthausen kämpft für Inklusion im Alltag und gegen Mitleid für Menschen mit Handicap.

Zahlen und Fakten zur Dimension Behinderung

Die WHO geht davon aus, dass es weltweit ca. eine Milliarde Menschen mit Behinderungen gibt, also derzeit rund 15 Prozent der Weltbevölkerung (Quelle: Weltbehindertenbericht 2011, bit.ly/lWUozn).

In der Europäischen Union ist ein Sechstel der Gesamtbevölkerung, rund 80 Millionen Menschen, von einer Behinderung betroffen und einer von vier EU-BürgerInnen hat eine/n behinderte/n Angehörige/n. Der gehörlose EU-Abgeordnete Ádám Kósa bezeichnet Menschen mit Behinderung als die größte Minderheit, die es in der EU gibt. (Quelle: EU-Parlament, bit.ly/JNz7uq)

Wie viele Menschen sind eigentlich in Österreich von einer Behinderung betroffen?

Eine umfassende amtliche Statistik aller von „länger dauernden schweren Beeinträchtigungen oder Behinderungen" betroffenen Menschen wird in Österreich nicht erstellt. Erfasst werden nur jene Gruppen, die eine entsprechende Sozialleistung beziehen, wie z. B. eine Invaliditätspension oder Bundes- und Landespflegegeld. Das waren 2011 in Summe rund 1,2 Millionen LeistungsempfängerInnen, wobei manche Personen auch mehrere Leistungen empfangen können.

Laut den Ergebnissen der EU-weiten jährlichen „Erhebung zu den Einkommen und Lebensbedingungen" (EU Statistics on Income and Living Conditions – EU-SILC), die in Österreich von der Statistik Austria durchgeführt wird, beträgt die Zahl der Menschen mit Behinderungen im engeren Sinn (länger als sechs Monate beeinträchtigt) 633.000 Personen bzw. 9 Prozent der Bevölkerung ab 16 Jahren. Eine Behinderung im weiteren Sinn weist laut dieser Erhebung rund eine weitere Million Menschen auf – in Summe also rund 1,6 Millionen Menschen mit einer dauerhaften Beeinträchtigung. (Quelle: Statistik Austria, bit.ly/1f84J9n)

Für den „Behindertenbericht 2008" beauftragte das Sozialministerium im Zeitraum zwischen Oktober 2007 und Februar 2008 eine Mikrozensus-Erhebung bei der Statistik Austria. Anhand von zwei Fragen („Sind Sie im Alltagsleben auf Grund einer gesundheitlichen Beeinträchtigung eingeschränkt?" und „Haben Sie diese Beeinträchtigung schon länger als ein halbes Jahr?") gaben 20,5 Prozent der Wohnbevölkerung an, an einer dauerhaften Beeinträchtigung zu leiden. Das sind hochgerechnet ca. 1,7 Millionen Menschen; diese Zahl deckt sich mit den Ergebnissen der oben angeführten EU-SILC.

Wenn also etwas mehr als 20 Prozent der Österreicherinnen und Österreicher angeben, über eine Beeinträchtigung zu verfügen, und dadurch mit Barrieren in der Gesellschaft konfrontiert sind, dann sind Menschen mit Behinderung also keine Randerscheinung der Gesellschaft!

Behinderung in Zusammenhang mit Geschlecht und Alter

Behinderungen und Beeinträchtigungen entstehen sehr oft im Lauf des Lebens und korrelieren sehr stark mit dem Lebensalter. Mit fortschreitendem Alter steigt somit die Wahrscheinlichkeit, mit dem Thema Behinderung auch persönlich konfrontiert zu werden – in der eigenen Person oder im eigenen Umfeld. Auch das Geschlecht spielt hierbei eine Rolle:

- In der Altersgruppe der unter 20-Jährigen sind 6,2 Prozent der Männer und 4,5 Prozent der Frauen betroffen.
- In der Altersgruppe der 20- bis unter 60-Jährigen sind 16,3 Prozent der Männer und 14,7 Prozent der Frauen betroffen.
- In der Altersgruppe der über 60-Jährigen sind 48,3 Prozent der Männer und 48,5 Prozent der Frauen betroffen.

Die mit Abstand häufigste dauerhafte Beeinträchtigung ist auf Probleme mit der Beweglichkeit zurückzuführen. Rund eine Million Menschen (13 Prozent der österreichischen Bevölkerung) ist davon betroffen.

- Etwa 580.000 Personen (7 Prozent der Bevölkerung) haben mehr als eine dauerhafte Beeinträchtigung (z. B. beim Sehen, beim Hören, bei der Mobilität).
- Ungefähr gleich viele Personen leiden an einer chronischen Beeinträchtigung, wie Schmerzen, Diabetes, Bluthochdruck, Asthma, Allergien oder Ähnliches.
- 318.000 Personen haben trotz Brille, Kontaktlinsen oder anderer Sehhilfen dauerhafte Probleme mit dem Sehen. Das ist damit die am dritthäufigsten genannte Beeinträchtigung (3,9 Prozent der Bevölkerung). Frauen sind davon häufiger betroffen.

- 202.000 Personen (2,5 Prozent der Bevölkerung) sind von dauerhaften Hörbeeinträchtigungen betroffen. Auch hier mehr Frauen als Männer.
- Rund 85.000 Personen haben geistige Probleme oder Lernprobleme.
- 63.000 Menschen haben Probleme beim Sprechen.
- 50.000 Personen benötigen zur Fortbewegung einen Rollstuhl.

(Quelle: Österreichischer Behindertenbericht 2008, BMASK, bit.ly/JrAFDB)

Aus diesen Zahlen ist gut ablesbar, dass auch der Gesundheitsvorsorge und der Prävention im Arbeitsleben eine besondere Bedeutung zukommt. Ein Gutteil der Beeinträchtigungen entsteht bei der Berufsausübung und könnte verhindert werden. Durch Chemikalien und giftige Gase können zum Beispiel bleibende Allergien, Atemwegserkrankungen oder Hautkrankheiten entstehen. Dauerlärm verursacht Gehörschäden. Die Nichtberücksichtigung von Arbeitsplatzergonomie (falsches Sitzen, falsches Heben etc.) führt zu Haltungs- und Rückenschäden. Arbeit unter ständigem Zeitdruck kann langfristig körperliche und psychische Folgen haben, wie z. B. Muskel-Skelett-Erkrankungen, Herz-Kreislauf-Erkrankungen oder Depressionen. Es gilt also, schädliche Einwirkungen im Berufsleben zu vermeiden, da diese über längere Zeit hinweg die Gesundheit beeinträchtigen und krank machen – und oftmals zu einer bleibenden Behinderung oder Beeinträchtigung führen.

 Die Liste anerkannter Berufskrankheiten im Sinne der Unfallversicherung finden Sie unter bit.ly/HA0Lew.

Behinderung und Arbeitsleben

In wenigen Bereichen ist die oft schon sehr fortgeschrittene Entmenschlichung des Arbeitslebens so spürbar, wie im Umgang mit Menschen mit Behinderung bzw. Beeinträchtigungen. Arbeit spielt für uns alle eine große Rolle im Leben. Arbeit sichert nicht nur unseren Lebensunterhalt, sondern verhilft auch dazu, über das eigene

73

Leben (weitestgehend) selbst bestimmen und am Leben in der Gesellschaft teilhaben zu können. Menschen mit Behinderung haben oft große Schwierigkeiten, Arbeit zu finden. Für sie wird es dadurch noch schwieriger, selbstbestimmt zu leben und gleichberechtigt am gesellschaftlichen Leben teilzuhaben. Der Arbeitsmarkt weist für die Betroffenen ganz besonders viele Barrieren und „Behinderungen" auf. So ist die Arbeitslosenquote von Behinderten zwei- bis dreimal so hoch wie im Durchschnitt. Im Jahr 2012 lag der Anteil der Menschen mit Behinderung an den Arbeitslosen bei 15,34 Prozent. Im dritten Quartal 2013 lag dieser Anteil schon bei 18,28 Prozent. (Quelle: Arbeit und Behinderung, bit.ly/KuNI8O)

Und das, obwohl durch das Behinderteneinstellungsgesetz Unternehmen mit 25 oder mehr Angestellten verpflichtet sind, einen Menschen mit Behinderung einzustellen (lt. Gesetz ein „begünstigter Behinderter"). Macht das ein Unternehmen nicht, so muss es für jeden dieser nicht besetzten Pflichtplätze eine Ausgleichstaxe entrichten. Im Jahr 2010 kamen mehr als drei Viertel aller Betriebe dieser Einstellungspflicht von Menschen mit Behinderung nicht nach. Rund 17.100 Firmen hätten zumindest eine Person mit Behinderung einstellen müssen. Getan haben es aber nur knapp 3.900 Betriebe. Dadurch blieben rund 34.000 der insgesamt knapp 101.000 Pflichtstellen unbesetzt. Rund 13.200 Betriebe haben es also vorgezogen, die Ausgleichstaxe zu bezahlen. Und das, obwohl der „besondere Kündigungsschutz" seit 1.1.2011 erst nach vier Jahren wirksam wird!

Auch wenn die Anstellung von Menschen mit Behinderung nicht als Pflicht, sondern als Chance betrachtet werden sollte, ist die Anstellungssituation durch die Einstellungsverpflichtung nicht wesentlich verbessert worden. Vor allem, weil noch immer die Leistungsfähigkeit von Menschen mit Behinderungen in Zweifel gezogen wird. Aber dazu kommen wir noch.

Daher ist es auch nicht verwunderlich, dass immer mehr Menschen vor ihren ArbeitgeberInnen gar nicht mehr angeben, „begünstigte Behinderte" zu sein. Die Angst, den Arbeitsplatz zu verlieren (oder einen neuen gar nicht erst zu bekommen), ist in diesen Fällen größer als die Angst vor einer Verschlechterung des Gesundheitszustandes, der aber unweigerlich eintritt, wenn der Arbeitsplatz nicht die entsprechenden z. B. ergonomischen Voraussetzungen erfüllt.

 *Die **Steiermärkische Krankenanstaltengesellschaft m.b.H.** (KAGes) beschäftigt im Jahr 2012 rund 1.800 MitarbeiterInnen mit Behinderungen und übererfüllt damit die gesetzliche Einstellungspflicht um rund 500 Personen. Begründet wird dies von der KAGes mit dem Hinweis, dass Menschen mit Behinderung sehr häufig über außergewöhnliche Fähigkeiten und Begabungen verfügen. Dazu kommen vorbildliche Einsatzbereitschaft und ein ausgeprägter Leistungswille. Tugenden, die modernes Personalmanagement zu schätzen gelernt hat. Dementsprechend hat man sich in der KAGes verstärkt mit Einsatz- und Integrationsmodellen für Menschen mit Behinderung beschäftigt. (Quelle:* bit.ly/1e7tchq*)*

Österreich will Inklusion im Beruf fördern

Anlässlich des „Tages der Inklusion" Mitte November 2013 hat auch die österreichische Bundesregierung ein Bekenntnis zur beruflichen Integration von Menschen mit Behinderung abgegeben. Maßnahmen zur Erhaltung von entsprechenden Arbeitsplätzen für Menschen mit Behinderung sollen mit 170 Millionen Euro jährlich gefördert werden.

Behinderung und ArbeitnehmerInnenschutz

Die gesetzlichen ArbeitnehmerInnenschutzbestimmungen (ASchG) machen zwischen Menschen mit und ohne Behinderung keinen Unterschied. Das im entsprechenden Gesetz definierte Schutzziel eines „sicheren und gesunden Arbeitsplatzes" gilt für alle gleichermaßen. Arbeitnehmerinnen und Arbeitnehmer sollen entsprechend ihren individuellen Fähigkeiten im Arbeitsprozess eingegliedert werden. Die anhand der – im ASchG vorgesehenen – Evaluierung ermittelten und beurteilten Gefahren und Belastungen im Betrieb sind also ebenso die relevante Ausgangsbasis für die Beschäftigung von Menschen mit Behinderung.

Daraus könnte sich natürlich ergeben, dass Menschen mit bestimmten Behinderungen auf manchen Arbeitsplätzen nicht eingesetzt werden können (was auch für Menschen ohne Behinderungen zutreffen kann, wenn spezielle Fähigkeiten zur Ausübung notwendig sind).

Auch die notwendige Klärung von arbeitsphysiologischen, arbeitspsychologischen und sonstigen ergonomischen sowie arbeitshygienischen Fragen ist für alle ArbeitnehmerInnen, egal ob mit oder ohne Behinderung, durchzuführen. Es empfiehlt sich, ArbeitsmedizinerInnen und Sicherheitsfachkräfte – über die gesetzliche Verpflichtung hinaus – von Anfang an intensiv mit einzubeziehen.

Behinderteneinstellungsgesetz (BEinstG)
„§ 6 (1) Dienstgeber haben bei der Beschäftigung von
begünstigten Behinderten auf deren Gesundheitszustand
jede nach Beschaffenheit der Betriebsgattung und nach
Art der Betriebsstätte und der Arbeitsbedingungen mögliche
Rücksicht zu nehmen. Das Bundesamt für Soziales und
Behindertenwesen hat einvernehmlich mit den Dienststellen des
Arbeitsmarktservice und mit den übrigen Rehabilitationsträgern
dahingehend zu wirken und zu beraten, dass die Behinderten in
ihrer sozialen Stellung nicht absinken, entsprechend ihren Fähigkeiten und Kenntnissen eingesetzt und durch Leistungen der
Rehabilitationsträger und Maßnahmen der Dienstgeber so weit
gefördert werden, dass sie sich im Wettbewerb mit Nichtbehinderten zu behaupten vermögen."

In Ausnahmefällen kann das Arbeitsinspektorat die Beschäftigung von Menschen mit Behinderung untersagen. Dieser in der Praxis eher seltene Umstand tritt nur dann ein, wenn das Arbeitsinspektorat befindet, dass Arbeiten für Menschen mit Behinderung auf Grund ihres körperlichen oder geistigen Zustandes eine Gefahr darstellen können. In der Regel wird das Arbeitsinspektorat durch umfangreiche Beratung versuchen, die Arbeitsbedingungen an die Fähigkeiten und Bedürfnisse der ArbeitnehmerInnen anzupassen.

Weitere Informationen dazu finden Sie auch auf der Website des Arbeitsinspektorats unter www.arbeitsinspektion.gv.at.

Barrierefreier Arbeitsplatz

Neben der individuellen Anpassung des jeweiligen Arbeitsplatzes sind auch einige allgemeine Voraussetzungen zu beachten, beispielsweise, dass ein Ausgang ins Freie stufenlos bewältigbar und eine Toilette barrierefrei erreichbar ist. Sind im Betriebsgebäude ein oder mehrere Aufzüge vorhanden, so ist zumindest ein Aufzug barrierefrei zu gestalten. Als Richtlinie für ein barrierefreies Bauen gilt die ÖNORM B 1600. Auf den ersten Blick wird Barrierefreiheit oft mit Kosten verbunden, auf den zweiten Blick wird man jedoch feststellen, dass Barrierefreiheit allen Menschen zugutekommt. Ein barrierefreies Büro- bzw. Betriebsgebäude bietet auch ein altersgerechtes Arbeitsumfeld und erleichtert allen MitarbeiterInnen und KundInnen den Zugang zum Unternehmen.

Die gleichen Überlegungen gelten für die notwendigen Fluchtwege. Eine sichere Fluchtmöglichkeit ist z. B. nicht nur für ArbeitnehmerInnen mit Rollstuhl, einer Gehbehinderung oder für blinde MitarbeiterInnen wichtig. Für die Möglichkeit, im Gefahrenfall ein Gebäude rasch und gefahrlos verlassen zu können, werden alle betroffenen Menschen dankbar sein (und es macht durchaus Sinn, beim Einbau eines Feuermeldesystems neben akustischen gleich auch optische Signale mit zu montieren). Gleiches gilt z. B. für mit Leuchtfarbe markierte Stufen, gute Beleuchtung am Arbeitsplatz sowie auf allen Fußgänger- und Verkehrswegen oder für eine klare Kommunikation sowie schnell und unmissverständlich erkennbare Gefahrenschilder (mit großer Schrift für sehbehinderte Menschen) oder eindeutige Piktogramme. Auch Sicherheitshinweise und Bedienungsanleitungen in „Leichter Sprache" für Menschen mit Lernschwäche sollten bedacht werden.

Solche Unfallverhütungsmaßnahmen tragen dazu bei, das Unfallrisiko für alle ArbeitnehmerInnen zu verringern.

Wenn ein Unternehmen die Arbeitsabläufe oder neue Maschinen, neue Techniken anschafft, dann sollte immer berücksichtigt werden, dass diese für die gesamte Vielfalt der ArbeitnehmerInnen geeignet sein sollen. Für Frauen und Männer, ältere Menschen oder Menschen mit Behinderung. Die personelle Vielfalt sollte also auch hier als Gewinn und nicht als Problem gesehen werden. Es ist auch von Vorteil für ein Unternehmen, wenn Arbeiten nicht nur von einigen wenigen Menschen erledigt werden können. So wird auch die Wettbewerbsfähigkeit erhöht.

Sicherheit und Schutz der Gesundheit sollten also nicht als Vorwand dafür dienen, Menschen mit Behinderung nicht zu beschäftigen. Und letztendlich soll die Arbeit an den Arbeitnehmer oder die Arbeitnehmerin angepasst werden und nicht umgekehrt.

 Wichtige Informationen für barrierefreies Bauen und barrierefreie Arbeitsplätze finden Sie auf der Seite des Bundessozialamtes unter bit.ly/1j2YhoY.

Grundlegende Kennzahlen für die Dimension Behinderung

Unternehmen sollten sich im Rahmen des Diversity Managements gewisse Kennzahlen in diesem Zusammenhang ansehen. Dazu gehören:

- Anzahl der MitarbeiterInnen, die als „begünstigte Behinderte" tätig sind
- Anzahl der Menschen, die eine Behinderung unter dieser gesetzlich definierten Grenze aufweisen
- Wie viele „begünstigte Behinderte" wurden im letzten, vorletzten usw. Jahr eingestellt?
- Wie viele davon haben das Unternehmen wieder verlassen? Warum?
- Von Bedeutung sind auch die Investitionen, die in diesem Zusammenhang getätigt wurden, z. B. für die Anpassung und Barrierefreiheit von Arbeitsplätzen und des Standorts allgemein.
- Steigen oder sinken diese Investitionen?
- Wie viele barrierefreie Arbeitsplätze haben wir, die nicht genutzt werden?

Neben diesen allgemeinen Kennzahlen sollen weitere – natürlich auch nach den individuellen Verhältnissen des Unternehmens – selbst erarbeitet werden.

Damit schafft man sich auch eine auf Zahlen basierende Grundlage, die Ansatzpunkte für weitere Verbesserungen aufzeigen kann.

Herausforderungen der Dimension Behinderung

Auch wenn es bereits rechtliche Grundlagen zur Gleichbehandlung und Antidiskriminierungsgesetze gibt, lauern in unserem alltäglichen Denken und unseren Handlungen viele Fallen, die manchmal dazu führen, dass Menschen mit Behinderung benachteiligt werden. Bereits mit der Bezeichnung „Menschen mit Behinderung" schaffen wir zwei Gruppen von Menschen: die Gruppe ohne und die Gruppe mit Behinderung. Aber vor allem betrachten wir oftmals die eine als „normal" und die andere als „nicht normal". Dadurch wird bereits das Wort Behinderung zu einer Stigmatisierung, was in der Folge oft auch zu Diskriminierungen führt. Sehen wir uns einige dieser „Fallen" genauer an.

Mit Worten Realität schaffen?

Der Begriff „Behinderung" lässt in jedem Menschen andere Bilder entstehen, da er nicht klar abzugrenzen ist. Im alltäglichen Sprachgebrauch ist es vereinzelt noch immer üblich, seinem Gegenüber ein „Sei nicht so behindert!" an den Kopf zu werfen, wenn man nicht gleich verstanden wird oder jemand das Gesagte scheinbar nicht schnell genug erfasst. Auf der anderen Seite ist das Thema Behinderung selten Gegenstand einer Unterhaltung. Es fällt nicht nur schwer, im Allgemeinen darüber zu reden, dazu kommt noch das Unbehagen, nicht die „richtigen (erlaubten) Worte oder Bezeichnungen" zu kennen. Worte, die beleidigen und/oder diskriminieren, erfolgen daher oft gar nicht bewusst.

Dennoch sollte bewusst sein, dass – in welchem Zusammenhang auch immer – unreflektiert übernommene Sprache oder einfach nur Gedankenlosigkeit keine Entschuldigung sein darf. Es muss klar sein, dass Worte Realität schaffen.

Aus diesem Grund ist es von großer Bedeutung, dass mit Sprache und Worten bedachter und bewusster umgegangen wird:

- „An den Rollstuhl gefesselt zu sein" ist die Sichtweise derer, die es nicht sind; für andere bedeutet ein Rollstuhl Mobilität.
- Ein „behindertengerechtes" Gebäude bauen jene, die der Meinung sind, es wäre ein Entgegenkommen der Gesellschaft; „barrierefrei" bauen jene, die den Nutzen für die gesamte Gesellschaft erkannt haben.

In der Auseinandersetzung mit Diversity Management ist es also unumgänglich, sich mit der (Unternehmens-)Sprache zu befassen. Diese offenbart oftmals unsere Denk- und Handlungsweisen, und dies zu erkennen, sensibilisiert für die notwendigen Änderungen.

 Sprache löst nicht das Problem der Diskriminierung, ist aber ein sehr machtvolles Instrument. Ein Leitfaden des BMASK macht sprachliche Diskriminierung in Bezug auf Alter, Behinderung, Geschlecht, sexuelle Orientierungen, ethnische Zugehörigkeit sowie Religion und Weltanschauung erkennbar und zeigt Möglichkeiten auf, wie diese zu verhindern ist. (Download unter bit.ly/1nE6Iop*)*

Unbegründete Vorurteile

Die meisten Vorurteile, die behinderten MitarbeiterInnen entgegengebracht werden, beziehen sich auf deren Leistungsfähigkeit. Unternehmen bewerten MitarbeiterInnen für gewöhnlich nach ihrer Fähigkeit, zum Unternehmenserfolg beizutragen. Hier reichen dann schon Kleinigkeiten, um Menschen diese Leistungsfähigkeit nicht zuzutrauen oder gar abzusprechen. Eine Behinderung ist oft ein K.O.-Kriterium.

Das ist oft auf unreflektiertes Denken zurückzuführen. Der Zusammenhang zwischen Leistungsfähigkeit und einer Behinderung ist schwach ausgeprägt, denn Leistungsfähigkeit ist auch vom Arbeitsplatz bzw. den Anforderungen für diesen abhängig. Oft sind z. B. nur wenige Anpassungen des Arbeitsablaufs oder der technischen Ausstattung erforderlich, die Menschen mit Behinderung die volle Leistungsfähigkeit ermöglichen (siehe barrierefreier Arbeitsplatz). Unternehmen sollten also ihre Arbeitsplätze dahingehend prüfen, welche Fähigkeiten mit und ohne Anpassungen notwendig sind. Es sollte also immer auch eine mögliche Beschäftigung einer beeinträchtigten Person mitgedacht werden.

Beim dritten „Internationalen Klavierfestival für Menschen mit Behinderung" (Piano Paraolympics, November 2013 in Wien) konnte man sich davon überzeugen, wie leistungsfähig diese sein können. 48 MusikerInnen aus 18 Ländern zeigten trotz Gehörlosigkeit, Down-Syndrom oder auch einhändig, dass eine Behinderung kein Hindernis ist, um Großartiges zu leisten. Tokio Sakoda, Klavierprofessor der Musashino Musikakademie in Tokio, ist der Urheber dieser Veranstaltung. Bereits über 1000 SchülerInnen mit Behinderung hat er das Klavierspiel gelehrt. Er weist darauf hin, dass SchülerInnen mit Beeinträchtigung häufig ambitionierter sind und wesentlich mehr üben. Ein Verhalten, dass sehr oft auch in der Berufswelt beobachtbar ist.

Spezielle Fähigkeiten

Die oft ganz besondere Leistungsfähigkeit von Menschen mit Behinderung kann auch ganz gezielt genutzt werden. Der Verein *Specialisterne Austria* setzt sich für die Schaffung von Arbeitsplätzen für Menschen mit autistischer Wahrnehmung in Österreich ein. Das dänische Wort „Specialisterne" bedeutet Spezialisten, und in Dänemark ist dieses international bewährte Modell auch entstanden.

In den meisten Unternehmen stellen Qualitäts-, Test- und Überprüfungsprozesse (insbesondere im IT- und Datenverarbeitungsbereich) Herausforderungen für „MitarbeiterInnen im Normalspektrum" dar. Wiederholende Prozesse mit hohem Genauigkeitsbedarf ermüden die MitarbeiterInnen und verringern oftmals die Qualität der Ergebnisse im Arbeitsprozess.

Hier setzt Specialisterne an: Die besonderen Fähigkeiten von Menschen aus dem Autismus-Spektrum machen diese MitarbeiterInnen zu einem Asset in entsprechenden Unternehmen: z. B. eine bemerkenswerte Hingabe zum Detail, Genauigkeit, konsequentes, logisches und analytisches Denken, kreative und unkonventionelle Lösungsansätze, eine spielerische Leichtigkeit bei der Erkennung von (Un-)Regelmäßigkeiten, eine hohe Konzentration bei wiederkehrenden Routineaufgaben sowie eine Nullfehlertoleranz. Hier wird eine – vermeintliche – Beeinträchtigung zum wirklichen Vorteil. Weitere Infos unter www.specialisterne.at.

Wichtig ist es also auch hier, die Barrieren im eigenen Denken abzubauen und Vorurteile zu vermeiden. Behinderung bedeutet also keinesfalls immer, dass ein Mensch nicht leistungsfähig oder gar arbeitsunfähig ist.

 Career Moves ist eine österreichische Online-Jobplattform, die ArbeitgeberInnen und Jobsuchende mit Einschränkungen bzw. Behinderung zusammenbringt. Bei Career Moves erhalten Unternehmen Informationen und Beratung über Förderungen und unterstützenden Organisationen. Infos unter www.career-moves.at.

Behinderung: Gesundheit und Prävention

Das Wichtigste zu Beginn: Behinderung ist keine Krankheit! Aber natürlich können Menschen mit Behinderungen genauso wie Menschen ohne Behinderungen krank werden. Das gilt auch für den Arbeitsplatz. Haben Menschen mit Behinderung Arbeit in einem Unternehmen gefunden, bedeutet dies aber noch nicht, dass sie auch immer dieselbe psychologische und/oder gesundheitliche Betreuung erhalten wie Menschen ohne Behinderung. Auch im Sinne von Prävention, um eine Verschlechterung der Beeinträchtigung zu vermeiden, werden die Bedürfnisse nicht immer richtig eingeschätzt.

Welche gesundheitlichen und präventiven Aspekte Diversity Management bei Menschen mit Behinderung berücksichtigen sollte, ist Thema dieses Abschnitts.

Rückkehr mit Behinderung

Im beruflichen Kontext werden sich im Wesentlichen folgende Szenarien ergeben: Die Behinderung besteht bereits oder ein/e MitarbeiterIn tritt nach einer Krankheit oder einem Unfall seinen/ihren Dienst mit einer Behinderung wieder an. Eine Behinderung bedeutet aber nicht das unweigerliche Ende des Arbeitslebens. Der Schlüssel zur Wiedereingliederung ist die Fokussierung auf das Potenzial und die Möglichkeiten des Menschen. Jede/r kann für bestimmte Aufgaben weiterhin Höchstleistungen erbringen, es gilt, diese Aufgaben zu finden und nötigenfalls anzupassen. Dennoch ist eine (auch schrittweise) Wiedereingliederung oftmals mit Herausforderungen verbunden.

 Ziel: Betriebliches Wiedereingliederungsmanagement (BEM)
*In Deutschland ist es bereits verpflichtend, dass mit MitarbeiterInnen, die nach einer längeren Fehlzeit wieder in den Betrieb zurückkehren, ein „Eingliederungsgespräch" geführt wird. Danach ist ein Eingliederungsfahrplan zu entwickeln. Der gesamte Prozess muss dokumentiert werden. In Österreich unterstützt zum Beispiel fit2work bei der Wiedereingliederung (*www.fit2work.at*).*

Bereits vor Wiedereintritt sollten entsprechende Gespräche mit dem/der Betroffenen geführt werden. Wobei zu klären ist, ob er oder sie wieder an den gleichen Arbeitsplatz zurückkommen kann, welche eventuellen technischen, baulichen (z. B. Türen, Verbindungswege, Treppen, Duschen, Waschgelegenheiten und Toiletten) oder ergonomischen Adaptierungen dafür notwendig sind und ob bzw. welche Änderungen im Arbeitsablauf (z. B. Anpassung der Arbeitsmittel, des Arbeitsrhythmus, der Aufgabenverteilung oder auch Angebote an Ausbildungs- und Eingliederungsmaßnahmen) sinnvoll wären. Der ArbeitnehmerInnenschutz (also Sicherheitsfachkräfte, ArbeitspsychologInnen und ArbeitsmedizinerInnen) sind hier einzubeziehen, damit alle Änderungen auch gesetzeskonform und adäquat gestaltet werden (Gefährdungsbeurteilung). Manchmal geht es auch darum, neue Aufgaben zu finden.

Diese Arbeitsplatzanpassungen sind aber nur ein Teil der notwendigen Vorbereitungen. So ist es von großer Wichtigkeit, die (ehemaligen) ArbeitskollegInnen vorab zu informieren und Gespräche anzubieten. In vielen Fällen ist die Unsicherheit in dieser Gruppe groß, wie man sich nun verhalten soll. Wie eingangs erwähnt, haben viele Menschen unreflektierte Bilder und Einstellungen im Kopf, die zu einer meist unbewussten Ablehnung von Menschen mit Behinderung führen können. Spannungen und Konflikte sind dann vorprogrammiert. Eine Gesprächsrunde mit den betroffenen MitarbeiterInnen, eventuell in Anwesenheit eines Arbeitspsychologen/einer Arbeitspsychologin, kann helfen, Berührungsängste vorab abzubauen. In diesem Zusammenhang ist auch darauf hinzuweisen, dass eine Behinderung ein Auslöser für Mobbing sein kann. Auch diesem gilt es vorzubeugen.

Natürlich finden sich Unsicherheiten auch auf Seiten des oder der Rückkehrenden. Der psychologische Druck ist hier ebenso groß. Zum einen sind sie noch dabei, ihr Leben mit einer Beeinträchtigung neu zu gestalten und die entsprechenden Herausforderungen zu bewältigen, zum anderen stellt sich die Frage, wie die KollegInnen mit der neuen Situation umgehen werden. Hilfreich ist oft ein Angebot zu einem gemeinsamen Gespräch mit den KollegInnen. Dabei sollte so offen als möglich miteinander gesprochen werden. Will er/sie auf seine/ihre Behinderung angesprochen werden? Werden Hilfe und Unterstützung erwartet oder erhofft? Wenn ja, welche? Welche Berührungsängste haben beide Seiten? Wie wird der Arbeitsablauf neu geregelt? Dabei sollten gemeinsam Regeln und Leitlinien im Umgang miteinander gefunden werden. Dies führt letztendlich am effektivsten zum Abbau von Unsicherheiten.

Eine wichtige und verantwortungsvolle Rolle kommt in derartigen Situationen der Führungskraft zu. Möglicherweise muss diese als VermittlerIn und KoordinatorIn für beide Seiten tätig werden.

Wird die Phase der Wiedereingliederung optimal gemanagt, wird nicht nur der/die neu integrierte MitarbeiterIn topmotiviert und engagiert sein, es wird auch dazu führen, dass ein Team mit gestärkten sozialen Kompetenzen und einem neuen Zusammengehörigkeitsgefühl gewonnen werden konnte.

Viele hilfreiche Informationen rund um das Thema Arbeit und Behinderungen sind im Internet auf www.arbeitundbehinderung.at *zu finden. Dabei handelt es sich um ein gemeinsames Projekt von Industriellenvereinigung, Arbeiterkammer, ÖGB, WKO, AMS, AUVA, BMASK, BMWFJ und anderen.*

Beim **Automobilhersteller Ford Deutschland** wurde ein eigenes Projekt für die Eingliederung von ArbeitnehmerInnen mit Behinderungen gestartet. Ein dezidiertes Ziel dabei war z. B. die Integration von ArbeitnehmerInnen mit Behinderungen in den Fertigungsprozess nach langer krankheitsbedingter Abwesenheit. Das Unternehmen hat für das Disability Management eine Gruppe aus VertreterInnen der Geschäftsführung, von Human Resources, Betriebsrat, ExpertInnen und Beschäftigten gebildet. Schon im Vorfeld wurde auf die Kommunikation großen Wert gelegt und die Belegschaft über das Vorhaben informiert. Mit einem speziellen Verfahren zur Integration von Menschen mit Behinderungen in die Arbeitswelt (= IMBA – Integration of People with Disabilities into Working Environment) und mit individueller medizinischer Betreuung sowie Prüfung der individuellen Eignung wurde eine Gefährdungsbeurteilung erstellt. Die Ergebnisse flossen in die Gestaltung der einzelnen Arbeitsplätze ein. So konnte für jede/n der insgesamt 500 MitarbeiterInnen ein auf deren Fähigkeiten abgestimmter Arbeitsplatz gefunden werden. Für das Projekt hat Ford nicht nur mehrere Preise gewonnen. Mit den Maßnahmen hat sich das Unternehmen durch den Rückgang von 20 Prozent auf 10 Prozent bei vor allem längeren Krankenständen auch rund 6 Millionen Euro erspart.

Nähere Infos unter bit.ly/2iowzf.

Weiterbildung und Behinderung

In der Dimension Alter wurde bereits die Dequalifizierungsspirale angeführt, wonach ältere ArbeitnehmerInnen sehr oft keine entsprechenden Aus- und Weiterbildungen mehr erhalten. Die Gefahr einer lernarmen Umgebung gilt auch für Menschen mit Behinderung. Vor allem für die psychische Gesundheit ist aber das Gefühl, über aktuelles und umfangreiches Wissen für seine Arbeitsposition zu verfügen, von großer Bedeutung. So entsteht Sicherheit, auch den neuen Anforderungen gewachsen zu sein. Unternehmen sind dazu aufgefordert, Menschen mit Behinderung Gelegenheit zu geben, ihr Wissen und ihre Kenntnisse zu erneuern und zu erweitern. Das ist ein wichtiger Teil von Integration und Inklusion. Wesentlich ist auch hier das individuelle Eingehen auf die Bedürfnisse der betroffenen MitarbeiterInnen. Dazu gehört beispielsweise, Schulungsmaterial in geeigneter Form bereitzustellen.

In diesem Zusammenhang kann eine Ausbildungsmaßnahme der *AUVA* als Vorbild dienen. Um einem gehörlosen Mitarbeiter eine Erste-Hilfe-Ausbildung zu ermöglichen, wurde der Kurs zusätzlich in Gebärdensprache abgehalten. Zwei Gebärdendolmetscherinnen übersetzten während des 16-stündigen Erste-Hilfe-Kurses abwechselnd alle Vorträge, Erklärungen und Lehrfilme simultan und unterstützten bei Fragen und Fragebeantwortungen. Dadurch konnte der Kurs positiv absolviert werden. Die zusätzlichen Fähigkeiten des Mitarbeiters stärken nicht nur seine Kompetenzen, sondern erhöhen auch seine Leistungsfähigkeit in seinem Arbeitsbereich. Zudem ist es eine direkte Wertschätzung des Arbeitgebers für seinen Arbeitnehmer.

 Die Österreichische Gebärdensprache (ÖGS) ist die Muttersprache gehörloser Menschen in Österreich. Seit 2005 ist die ÖGS rechtlich als eigene Sprache anerkannt. Die ÖGS enthält z. B. auch Dialekte. Bereits im Jahr 1779 wurde in Wien die erste Gehörlosenschule gegründet.

Präventive Aspekte bei Menschen mit Behinderung

Der ArbeitnehmerInnenschutz gewährleistet den Schutz des Lebens und der Gesundheit aller ArbeitnehmerInnen im Zuge ihrer beruflichen Tätigkeit. Dazu werden Arbeitsplätze entsprechend evaluiert und Verbesserungsmaßnahmen aufgezeigt. Wenn Menschen mit Behinderung in Unternehmen beschäftigt werden, ist der ArbeitnehmerInnenschutz zudem dafür zuständig, dass deren Arbeitsplatz und deren Umgebung die entsprechende und individuelle Barriere-freiheit aufweisen. Dabei sind diese Fachkräfte oft auch auf Hinweise der beeinträchtigten MitarbeiterInnen angewiesen. In der Praxis hat sich aber gezeigt, dass ein großer Teil der Menschen mit Behinderung nicht aktiv an den ArbeitnehmerInnenschutz herantritt und um Verbesserungen bittet.

Martina Kaburek, Leiterin ArbeitnehmerInnenschutz und Sicherheit an der *Universität Wien*, erklärt das mit der Angst der Betroffenen, „Umstände zu machen". Oft soll auch vermieden werden, dass man gegenüber den anderen KollegInnen eine „Sonderbehandlung" erhält und damit ins „Rampenlicht" gestellt wird. Dies ist natürlich problematisch, da sich durch eine eventuell vorhandene und nicht notwendige Belastung der gesundheitliche Zustand weiter verschlechtern kann. Martina Kaburek hat aber erkannt, dass Menschen mit Behinderung meist lieber mit den ArbeitsmedizinerInnen als den Sicherheitsfachkräften sprechen, und hat entsprechend reagiert. Begehungen erfolgen nun immer mit MedizinerInnen und man achtet darauf, dass es Möglichkeiten für vertrauliche Gespräche gibt. Darüber hinaus wird auch auf die KollegInnen dieser MitarbeiterInnen zugegangen und nachgefragt, ob von deren Seite ein Bedarf erkannt wurde.

Generell muss aber daran gearbeitet werden, dass Menschen mit Behinderung nicht als BittstellerInnen behandelt werden, wenn Verbesserungen und Anpassungen von Arbeitsplätzen gefordert werden.

 *Am 29. und 30. Jänner 2014 fand die erste Fachtagung für Menschen mit Behinderung unter dem Motto „Ich kann gesund leben" statt. Veranstalter war der **Verein Lebenshilfe Kärnten**.*
21 ReferentInnen, 5 Referate und 22 Workshops boten eine profunde Übersicht über alle Themen im Zusammenhang mit Gesundheitsförderung für Menschen mit Behinderung. Infos unter www.ichkann.cc *oder* www.lebenshilfe-kaernten.at.

DolmetscherInnen im Arztgespräch

Es wurde bereits angeführt, dass es hilfreich sein kann, wenn ein Arzt bzw. eine Ärztin als GesprächspartnerIn zur Verfügung steht. Dabei ist eine reibungslose Verständigung der wichtigste Aspekt, um die Bedürfnisse bzw. Beschwerden auch richtig zu erkennen. Hier ist also die individuelle Ausgangslage der Menschen mit Behinderung zu berücksichtigen. Sei es z. B. ein Migrationshintergrund oder Gehörlosigkeit.

Für rund 10.000 gehörlose Menschen in Österreich ist die Österreichische Gebärdensprache (ÖGS) die Mutter- bzw. Erstsprache. Ein Arztgespräch am Arbeitsplatz kann sich dann unter Umständen schwierig gestalten. Ein/e gebärdensprachkompetente/r MedizinerIn oder ein/e DolmetscherIn sind hier hilfreich, erfordern aber eine entsprechende Vorabstimmung und Terminkoordinierung, da diese selten rasch verfügbar sind.

Da mit dieser Problematik auch Spitäler konfrontiert sind, wurde im Oktober 2013 ein österreichweites Pilotprojekt gestartet: der Gebärdensprachdolmetscher per Video. DolmetscherInnen müssen also nicht mehr persönlich vor Ort sein, sondern können an Gesprächen von Ärztinnen/Ärzten mit Patientinnen/Patienten per Video teilnehmen und diese übersetzen. Dadurch sollen barrierefreie Gespräche mit Ärztinnen und Ärzten auch außerhalb der etablierten Gehörlosenambulanzen möglich werden (weitere Infos unter bit.ly/1cgzWoW). Auch für Menschen mit Migrationshintergrund gibt es bereits eine Videodolmetschmöglichkeit (siehe Kapitel „Dimension Ethnie").

Ein solcher Service fehlt für Unternehmen noch. Es wäre eine Überlegung wert, eine zentrale Stelle zu schaffen, die dieses Angebot für den ArbeitnehmerInnenschutz, die Arbeitsmedizin bzw. die betriebliche Gesundheitsförderung in Unternehmen zur Verfügung stellt.

 Psychische Erkrankung - die „versteckte" Behinderung
Bei den vielen Definitionen von „Arbeit" findet man auch diese:
Arbeit ist eine zweckgerichtete körperliche und geistige Tätig-
keit des Menschen. Dem kognitiven bzw. psychischen Teil wird

in Unternehmen glücklicherweise zunehmend Beachtung ge-
schenkt (auch in diesem Buch wird öfters darauf eingegangen).
Psychische Erkrankungen (Depressionen, Burnout etc.) haben
eine Reihe von Auswirkungen auf die Arbeitswelt und können
sehr schnell zu einer Behinderung führen, die eine berufliche
Tätigkeit unmöglich werden lässt. So sind 38 Prozent der Pen-
sionsneuzugänge auf psychische Erkrankungen zurückzuführen
(Quelle: PVA, 2012). Es ist eine Notwendigkeit, dass Unter-
nehmen auch in die psychische Gesundheit ihrer MitarbeiterIn-
nen investieren. Seit 2012 ist die Evaluierung der psychischen
Belastung am Arbeitsplatz gesetzlich vorgeschrieben.

Vorstellung fit2work für Unternehmen

In einer Befragung durch die Initiative fit2work wurde erhoben, dass jede/r dritte österreichische ArbeitnehmerIn unter einer gesundheitlichen Beeinträchtigung am Arbeitsplatz leidet.

fit2work ist (vor allem) eine kostenlose Beratung für Betriebe, die die Arbeitsfähigkeit ihrer MitarbeiterInnen verbessern, fördern bzw. erhalten wollen. Damit soll auch die Produktivität und Wettbewerbsfähigkeit der Unternehmen durch weniger Krankenstände oder durch das Verhindern von frühzeitigem krankheitsbedingten Ausscheiden gestärkt werden. Bereits im ersten Jahr haben rund 175 Unternehmen die Leistungen in Anspruch genommen.

fit2work ist eine Initiative der österreichischen Bundesregierung und läuft in Kooperation mit vielen Partnerorganisationen. Die Koordination liegt beim Bundessozialamt (BSB). Finanziert wird fit2work aus Mitteln des Arbeitsmarktservice (AMS), der Gebietskrankenkassen (GKK), der Pensionsversicherung (PV), der Allgemeinen Unfallversicherungsanstalt (AUVA) und des Bundessozialamts (BSB).

Österreichweit unterstützt fit2work Betriebe durch:

- Beratung zum Umgang mit gesundheitlich beeinträchtigten Beschäftigten
- Beratung zum Einsatz und zur Qualifizierung von MitarbeiterInnen in alternativen Aufgabengebieten

- Informationen zu alternativen Arbeitszeitmodellen
- Beratung bei Arbeitsplatzanpassung und bedarfsgerechter Ausstattung
- Unterstützung bei der Entwicklung und dem Aufbau gesundheitsförderlicher betriebsinterner Prozesse
- Information über Förderungen und Vermittlung zu Fördergebern

Auch ArbeitnehmerInnen können fit2work in Anspruch nehmen. Im ersten Jahr haben dies mehr als 8.900 Menschen getan. 2.000 davon wurden auch im Rahmen eines individuellen Case-Managements betreut.

Weitere Infos unter www.fit2work.at.

Zusammenfassung

Die wenigsten Menschen werden mit einer Behinderung geboren. 95 Prozent der Menschen mit Behinderung erwerben diese erst im Lauf des Berufs- und Erwerbslebens. Mit zunehmendem Alter steigt das Risiko. Dadurch kann jede/r von uns selbst Betroffene/r werden und kann die alltäglichen Barrieren am eigenen Leib erfahren. Es sollte daher auch im eigenen Interesse liegen, Behinderung zu vermeiden und den Abbau von Hindernissen zu unterstützen. Diversity Management hilft Unternehmen, das dafür notwendige Bewusstsein zu schaffen und Handlungsmöglichkeiten zu erkennen.

Menschen mit Behinderung in Unternehmen erhalten aber nicht immer dieselbe psychologische und/oder gesundheitliche Betreuung wie Menschen ohne Behinderung bzw. werden deren Bedürfnisse nicht immer richtig eingeschätzt. Aber auch hier geht es darum, die Menschen gesund zu erhalten und eine weitere Verschlechterung der Beeinträchtigung zu vermeiden. Diversity Management sollte daher auch diesen Aspekt in Augenschein nehmen und die meist schon vorhandenen Vorgangsweisen bei ArbeitnehmerInnenschutz, Arbeitsmedizin und betrieblicher Gesundheitsförderung ergänzen.

Exkurs Prävention

Bevor etwas passiert ...

Unter Prävention versteht man ganz allgemein eine vorsorgende bzw. vorbeugende Maßnahme. Die Seite www.praeventions-charta.at hält folgende Definition bereit: *„Prävention (lat. praevenire: zuvorkommen) sucht eine gesundheitliche Schädigung durch gezielte Aktivitäten zu verhindern, weniger wahrscheinlich zu machen oder zu verzögern. Das wichtigste bevölkerungsbezogene Ziel von Prävention ist die Inzidenzabsenkung von Krankheit, Behinderungen oder vorzeitigem Tod."*

Damit ist relativ genau umrissen, welches Ziel Prävention hat. Es geht um die Bewahrung der Gesundheit sowie um die Verhütung und Früherkennung von (physischen und psychischen) Krankheiten, dabei wird zwischen Primär-, Sekundär- und Tertiärprävention unterschieden:

- *Primärprävention* setzt an, noch bevor es zur Krankheit kommt. Gesundheitsschädigende Faktoren sollen vermieden werden, um die Entstehung von Krankheiten zu verhindern.
- *Sekundärprävention* soll das Fortschreiten einer Krankheit im Frühstadium durch Frühdiagnostik und -behandlung verhindern.
- *Tertiärprävention* konzentriert sich nach einem Krankheitsereignis auf die Wiederherstellung der Gesundheit. Folgeschäden soll somit vorgebeugt und Rehabilitation ermöglicht werden. (Quelle: bit.ly/J3LaEY)

Menschen sollen also jeden Tag gesund von der Arbeit nach Hause gehen und nach einem erfüllten Arbeitsleben das Regelpensionsalter gesund erreichen, um auch dann noch viele Jahre in Gesundheit verbringen zu können.

Bei der AUVA, dem wichtigsten Kompetenzzentrum für Prävention in Österreich, werden die österreichischen Unternehmen unterstützt, dieses Ziel zu erreichen. Dabei stützt sich die AUVA auf Maßnahmen der Verhältnisprävention und der Verhaltensprävention.

- Unter *Verhältnisprävention* werden die technischen, organisatorischen und sozialen Rahmenbedingungen und deren Auswirkungen auf die Entstehung von Krankheiten und Unfällen verstanden.
- Bei der *Verhaltensprävention* geht es um die Vermeidung von gesundheitsgefährdendem Verhalten bei dem/der einzelnen MitarbeiterIn.

Neben den ursprünglichen Präventionsschwerpunkten im Bereich Arbeitsunfälle und Berufskrankheiten ist in den letzten Jahren verstärkt die Verhütung von berufsbedingten Erkrankungen hinzugekommen. Darunter fallen vor allem auch psychische Belastungen, die vermehrt zu Erkrankungen führen.

 Laut Fehlzeitenreport 2012 verursachen die häufigsten Krankheitstypen wie Krankheiten des Muskel-Skelett-Systems (16,7 Tage) und vor allem psychiatrische Krankheiten (36,8 Tage) eine Krankenstandsdauer, die weit über dem Gesamtdurchschnitt von knapp elf Tagen liegt; und sie steigt weiter an. (Report unter bit.ly/1iN4BBz*)*

Auch in der Präventionsarbeit gewinnt das Thema Diversity Management an Bedeutung. Präventionsschwerpunkte werden vermehrt unter besonderer Beachtung von Genderaspekten und älteren ArbeitnehmerInnen ausgearbeitet. Die demografische Entwicklung wird in der Präventionsarbeit stark berücksichtigt, da es ja auch ein Ziel ist, dass Menschen das Regelpensionsalter gesund erreichen. Und das wird in Zukunft sicher später der Fall sein. Daher sind auch die Menschen, die ins Berufsleben eintreten, eine wichtige Fokusgruppe für Präventionsbemühungen.

Für Präventionsarbeit sind auch verlässliche Zahlen aus dem Arbeitsmarkt von Bedeutung. Diese lassen z. B. erkennen, dass 41 Prozent aller Arbeitsunfälle eine Handverletzung zur Folge haben. Ein Grund, warum die AUVA 2014 und 2015 diese Form von Verletzungen in den Mittelpunkt einer Präventionskampagne stellt.

*Mit dem Programm **AUVAfit** stellt die AUVA ein präventives Beratungs- und Interventionsangebot allen Betrieben jeder Größe und aller Branchen zur Verfügung. AUVAfit hat das Ziel, arbeitsbedingte Belastungen zu reduzieren und damit beeinträchtigungsfreie sowie lern- und persönlichkeitsförderliche Arbeitsplätze zu schaffen. Weitere Infos unter* bit.ly/1btGceD.

*Speziell für den Bau wurde von der AUVA das **BAUfit-Programm** entwickelt. Damit lässt sich die Zahl der Arbeitsunfälle und jene der Krankenstandstage am Bau deutlich reduzieren. Bereits die ersten Analysen zeigten, dass die Zahl der Krankenstandstage bei Bauarbeitern, die im Rahmen von BAUfit betreut wurden, um ein Drittel gesenkt werden konnte. Weitere Infos unter* bit.ly/IzEm1b.

*„**Partnerschaft für Prävention**": Das Ziel der Kampagne der AUVA „Partnerschaft für Prävention – Gemeinsam sicher und gesund" ist es, einen Prozess in Gang zu bringen, der eine positive Präventionskultur in den österreichischen Unternehmen verankert. Weitere Infos unter AUVA,* bit.ly/1fC6Cg8.

Dimension Geschlecht

Unser aller Wirklichkeit wird vielfältiger

Sarah Galehr, Mitarbeiterin des *Arbeitsmarktservice (AMS)*, beschreibt die Veränderungen, die sich durch das vielfältige Thema Gender in der Gesellschaft zeigen, mit folgenden Worten: *„Wir haben das Gefühl, dass wir uns in einer Umbruchphase befinden. In dieser Phase geht es auch nicht mehr nur um Frauenförderungen. Im Thema Gender geht es um Frauen und Männer – um aktuelle und zukünftige Weiblichkeits- und Männlichkeitsbilder und Identitäten."*

Dieser Geist einer Umbruchphase wird mittlerweile von vielen wahrgenommen. Unternehmen haben schon lange erkannt, dass ihnen aufgrund von Ungleichheiten vor allem die Potenziale der Frauen nicht in vollem Ausmaß zur Verfügung stehen. Aber auch Männer sind immer stärker mit gesellschaftlichen, wirtschaftlichen und technischen Veränderungen konfrontiert. Durch Erosion der Normalarbeitsverhältnisse sind sie ebenso gefordert, sich mit ihrer Rolle in Zusammenhang mit Arbeit, Familie und Gesundheit auseinanderzusetzen. Beides kann sich – wenn nicht gut gemanagt – negativ auf den wirtschaftlichen Erfolg von Unternehmen auswirken.

Dass solche einschneidenden Veränderungen nicht von heute auf morgen gelingen können, liegt auf der Hand. Frauen und Männer haben immerhin über Jahrzehnte hinweg eine sozial erlernte „Geschlechterrolle" verinnerlicht. So stark, dass sie zum Großteil unsere Wahrnehmung, unser Kommunikationsverhalten und unsere Handlungsoptionen bestimmt.

Im Diversity Management ist die Unterscheidung zwischen biologischem und sozialem Geschlecht von zentraler Bedeutung. Sie ermöglicht uns, sowohl die Ressourcen und Potenziale von Frauen und Männern zu erkennen als auch die „Verhinderer" von Vielfalt zu identifizieren. Ebenso wird im Gesundheits- und Sicherheitsbereich dieser Unterscheidung immer größere Bedeutung beigemessen.

„Sex" – die biologische Seite des Geschlechts

Das angeborene körperliche, sprich biologische Geschlecht (engl. sex) gibt uns eine meist sichtbare und unterscheidbare Zugehörigkeit. Wir sind entweder eine Frau oder ein Mann – ausgestattet mit körperlichen Geschlechtsmerkmalen bzw. -unterschieden.

„Gender" – die soziale Seite des Geschlechts

Über dieses angeborene, biologische Geschlecht hinaus erwerben wir als Frauen und Männer im Laufe unseres Lebens noch eine soziale Geschlechterrolle. Sie wird über die jeweiligen Kulturen und damit verbundenen Werte definiert und von uns meist unhinterfragt übernommen. Für dieses „soziale Geschlecht" wird auch der englische Ausdruck „Gender" verwendet, da es in der deutschen Sprache keine Begriffsunterscheidung zwischen dem sozialen (gender) und biologischen (sex) Geschlecht gibt.

Die Geschlechterrollen (gender) orientieren sich vor allem am Wissen darüber, wie man sich als Frau oder Mann zu verhalten hat. Demnach werden Frauen vorrangig mit „weichen" Eigenschaften, wie Teamfähigkeit, Diplomatie, sozialer und emotionaler Kompetenz, und Männer mit „starken" Eigenschaften, wie strategischem Denken, Entschlussfähigkeit, Durchsetzungskraft, Risikobereitschaft und Selbstvertrauen, in Verbindung gebracht.

Der Vorteil einer solchen geschlechtsspezifischen Rollenübernahme ist eine gewisse Vorhersehbarkeit z. B. im Kommunikationsverhalten und in Arbeitsprozessen. Der Nachteil ist, dass wir die Vielfalt über (vor-)bestimmte Verhaltensweisen begrenzen und uns dadurch auch den Zugang zu Kreativität und Innovation versperren. Gleichzeitig erschweren wir die Verbesserungen der Arbeits-, aber auch der Gesundheits- und Sicherheitsbedingungen von Frauen und Männern.

Diversity Management (DiM) schärft den Blick in diesen Dimensionen. Einerseits achtet DiM auf die Gleichheit von Frauen und Männern – in dem Sinne, dass beiden Geschlechtern gleichberechtigt ermöglicht wird, ihre Potenziale in der Arbeitswelt zu entfalten. Auf der anderen Seite achtet DiM auf Ungleichheit – im Sinne des

Wahrnehmens und der Berücksichtigung der Unterschiede von Frauen und Männern, um noch zielgerichteter auf deren Bedürfnisse eingehen zu können (wie z. B. in der betrieblichen Sicherheits- und Gesundheitsarbeit).

 Auf der fair.versity 2014, die in Kooperation mit der Stadt Wien veranstaltet wird, wird der Fokus auf Gender und Diversität gelegt.

Transgender – traditionelle Geschlechtereinteilungen überschreiten

Unsere Welt und unser Denken sind großteils darauf ausgelegt, dass jeder Mensch entweder weiblichen oder männlichen Geschlechts (engl. sex) ist, das Geschlecht eindeutig bestimmbar ist und sich das ganze Leben lang nicht ändert. Trotzdem gibt es Menschen, für die diese traditionelle Geschlechtereinteilung „Mann und Frau" zu kurz greift. Sie können sich nicht oder nicht vollständig mit ihren primären und sekundären Geschlechtsmerkmalen und den damit verbundenen Geschlechterrollen identifizieren.

Transgender „wandern" daher genau auf dieser Verbindungslinie der Pole „Frau" und „Mann" – unabhängig von ihren äußeren Geschlechtsmerkmalen. „Transgender" kann somit als Überschreiten herkömmlicher Geschlechterrollen beschrieben werden. Das kann manchmal aufgrund tradierter Vorstellungen von Frau und Mann im beruflichen oder auch im sozialen Umfeld Herausforderungen mit sich bringen. Wobei beispielsweise Film und Mode in regelmäßigen Abständen tradierte Geschlechterrollen hinterfragen. So holt beispielsweise die Luxusmarke Barneys 2014 für ihre Kampagne 17 transidente Models vor die Kamera. (Quelle: Standard, bit.ly/1lecgqo)

 Maßnahmen im Rahmen des Diversity Managements können u. a. sein: Informationen zum Thema Transgender, Kooperation mit Trans*Projekten, fundierte Aufklärung und Fortbildung in Betrieben, Organisationen und gezielte Diversity- und Antidiskriminierungstrainings.

Wege zur Potenzialentfaltung von Frauen und Männern

Auch wenn sich Österreich bei der Gleichstellung von Frauen laut World Economic Forum 2013 leicht verbessert hat, zeigt sich noch immer, dass Frauen und Männer nicht die gleichen Chancen in unterschiedlichen Bereichen ihres Lebens haben.

 Seit 2006 dokumentiert der „Global Gender Gap Report" die Fortschritte bei der Gleichstellung der Geschlechter in vier Lebensbereichen: Gesundheit, Bildung, politische Teilhabe und wirtschaftliche Gleichstellung. Er erfasst 136 Länder, in denen über 90 Prozent der Weltbevölkerung leben. Österreich nahm 2013 Platz 19 ein, wobei Österreich im Lohnvergleich Platz 96 belegt und bei der geschlechtsspezifischen wirtschaftlichen Beteiligung Platz 69. Die Liste der fortschrittlichsten Länder führen wie in den vergangenen Jahren Island, Finnland und Norwegen an. Link zum GGG Report: bit.ly/1hOACYQ.

Aber nicht nur Frauen, sondern auch Männer sehen sich immer häufiger eingeschränkten Möglichkeiten ihrer Lebensentwürfe gegenüber. Männer wählen z. B. weitaus seltener flexiblere Arbeitszeitmodelle, gehen kaum in Elternzeit und entscheiden sich kaum für soziale und Pflegeberufe.

 Die Studie von Pederen & Partners zum internationalen Männertag 2013 zeigt, dass 85 Prozent der Männer mit (sehr) guten Jobs lieber mehr Zeit und Vereinbarkeit von Beruf und Familie hätten als mehr Geld.

Da diese Ungleichheiten zwischen den Geschlechtern nicht auf biologische Ursachen zurückzuführen sind, sondern auf traditionelle gesellschaftliche Erwartungen, sind sie auch veränderbar. Das findet auf unterschiedlichen Ebenen statt. Zu einem nicht unwesentlichen Teil durch Gleichbehandlungsgesetzgebung, zum anderen durch strategische Maßnahmen und Managementansätze wie Gender Mainstreaming und Diversity Management.

In puncto Recht regelt z. B. eine große Anzahl von Gesetzen (Bundes- und Landesgesetze) und Verordnungen Gleichstellung, Gleichbehandlung und Chancengleichheit der Geschlechter. Seit dem EU-Beitritt Österreichs 1995 sind auch die Rechtsakte der Europäischen Union bezüglich Gleichbehandlung, Gleichstellung und Chancengleichheit in nationales Recht umzusetzen.

Gender Mainstreaming (GM)

Gender Mainstreaming hat zum Ziel, dass die Kategorie „Geschlecht", das biologische und vor allem aber das soziale Geschlecht, bei sämtlichen Aktivitäten, Maßnahmen, Entscheidungen etc. routinemäßig und selbstverständlich berücksichtigt wird. Dabei werden die Auswirkungen auf das jeweilige Geschlecht sichtbar und es können gezielte Maßnahmen zur Beseitigung von möglichen Ungleichheiten getroffen werden.

Nachdem GM immer *beide* Geschlechter im Blick hat, müssen ebenso Maßnahmen zur Gleichstellung getroffen werden, wenn Männer benachteiligt sind. Dass geschlechtersensible Erhebungen sinnvoll und notwendig sind, zeigen viele Beispiele auch aus der medizinischen Forschung und dem Sicherheits- und Gesundheitsschutz.

Gender Mainstreaming wurde erstmals 1985 auf der 3. UN-Weltfrauenkonferenz in Nairobi diskutiert und zehn Jahre später auf der 4. UN-Weltfrauenkonferenz in Peking weiterentwickelt. Die Europäische Union forcierte diese Methode zur Förderung der Gleichstellung von Frauen und Männern in diversen Aktionsprogrammen und erklärte sie im Vertrag von Amsterdam im Jahr 1999 zu einer verbindlichen Strategie. Österreich hat sich politisch und rechtlich verpflichtet, die Strategie des GM in nationalen Politiken umzusetzen.

Gender Budgeting

Das Gender Budgeting wird auch als „Herzstück" von Gender Mainstreaming gesehen. Es werden die gewidmeten und verplanten Budgets hinsichtlich der Geschlechtergerechtigkeit überprüft.

Seit 2009 ist das Ziel der tatsächlichen Gleichstellung von Frauen und Männern im Rahmen der Haushaltsführung in der österreichischen Bundesverfassung verankert. „Bund, Länder und Gemeinden haben bei der Haushaltsführung die tatsächliche Gleichstellung von Frauen und Männern anzustreben."
(Quelle: IMAG GMB, bit.ly/1ckEʼ6K*)*

Diversity Management (DiM)

Während Gender Mainstreaming eine gleichstellungspolitische Strategie darstellt, ist Diversity Management als betriebliche Unternehmensstrategie zu sehen. DiM soll Rahmenbedingungen schaffen, die es jedem/jeder MitarbeiterIn ermöglicht, seine/ihre Fähigkeiten einzusetzen. DiM umzusetzen bedeutet aber auch (aber nicht nur!), Antidiskriminierungsarbeit zu leisten. Dafür stellt DiM Modelle, Strategien und Methoden zur Verfügung. MitarbeiterInnen werden im DiM ressourcen- und potenzialorientiert in ihrer Vielfalt und ihrem Facettenreichtum, der sich aus Geschlecht, ethnischer Herkunft, sexueller Orientierung, Alter, Bildung, Lebensstil etc. herausbildet, wahrgenommen. Das bedeutet, dass es nicht nur die Gruppe der „Frauen" und „Männer" gibt, sondern dass es immer um das Zusammenwirken mehrerer Dimensionen geht (z. B. türkische alleinerziehende junge Frau; älterer, gut ausgebildeter behinderter Mann). In dieser Diversität werden letztendlich die unterschiedlichsten Potenziale oder „Schätze" geortet, die es im Rahmen des Diversitätsmanagements zu heben gilt.

*Dagmar Gaugl, Diversitätsbeauftragte bei **IBM Österreich**:*
„Die Organisation wird durch Diversität produktiver, effizienter und die Lösungsansätze breiter und vielfältiger. Dies ermöglicht uns wiederum, speziell auf Wünsche unserer Kundinnen und Kunden einzugehen. Wir versuchen die Vielfalt, die es im Markt gibt – also extern –, auch bei uns zu spiegeln, damit wir besser an Fragestellungen, die ebenso immer vielschichtiger werden, herangehen können."

Diversity Management und Gender Mainstreaming können mit dem Ziel der Realisierung der Geschlechtergerechtigkeit kooperieren. In Österreich wird nach wie vor am stärksten in die Kerndimension Gender investiert.

Zahlen und Fakten zur Dimension Geschlecht

Das Verhältnis der Geschlechter

Nach Angaben der Vereinten Nationen leben heute mehr Männer als Frauen auf der Erde. Auf 100 neugeborene Mädchen kommen weltweit durchschnittlich 107 Jungen.

In einer „älteren Bevölkerung", wie zum Beispiel in den USA und den europäischen Ländern, leben allerdings mehr Frauen als Männer. In Österreich betrug 2011 der Frauenanteil an der Gesamtbevölkerung 51,2 Prozent. Wie erklärt sich das? Auch in Österreich kommen bei der Geburt mehr Jungen als Mädchen zur Welt (105/100). Bis zum 50. Lebensjahr gibt es nach wie vor mehr Männer als Frauen. Da jedoch Frauen eine höhere Lebenserwartung haben als Männer (Frauen 83,3 Jahre/Männer 78 Jahre), verändert sich dieses Verhältnis der Geschlechter innerhalb der Altersgruppen mit fortschreitendem Alter. Der Vorsprung der Frauen reduziert sich jedoch bereits (siehe Kapitel „Dimension Alter").

Wer sich gesund fühlt, hat mehr vom Leben

Wir werden zwar alle älter, aber ein längeres Leben ist noch nicht mit einem längeren gesunden Leben gleichzusetzen. Oftmals ist ein längeres Leben von einer Phase mit Beschwerden und Behinderungen gekennzeichnet. Ob sich Menschen in ihrer Selbsteinschätzung eher gesund oder krank fühlen, hängt jedoch mehr vom sozialen Status als vom Geschlecht ab.

 In einer Gesundheitsbefragung 2006 gaben beim Indikator „Gesunde Lebenserwartung" Männer durchschnittlich an, dass sie 80 Prozent ihrer Lebensjahre in subjektiv guter Gesundheit

verbringen. Bei Frauen waren es 76 Prozent, das heißt, dass Frauen ihre Gesundheit im Vergleich zu Männern schlechter einstufen. Im Vergleich zu früheren Jahren zeigt sich jedoch ein absoluter wie relativer Anstieg der subjektiv gesunden Lebensjahre. (Quelle: Österreichischer Frauengesundheitsbericht 2010/2011, bit.ly/1d5H5vf)

Um diese in Gesundheit verbrachten Lebensjahre zu erhöhen, wird es immer wichtiger, in die Gesundheitskompetenz und Gesundheitsförderung von Frauen und Männern zu investieren.

„Maurerinnen und Hebammer" – die Ausbildungswahl

In den vergangenen Jahren hat sich das Niveau der Ausbildung zwischen Frauen und Männern angeglichen, wenn nicht sogar ins Gegenteil verkehrt: So haben bei den Reifeprüfungen junge Frauen ihre männlichen Schulkollegen bereits überholt. 2010/11 wurden 57,7 Prozent der Reifeprüfungen (Matura) von Frauen abgelegt und 55,5 Prozent der Studienabschlüsse an Universitäten von Frauen erworben. Allerdings sind bei den Doktoraten die Männer mit 58,5 Prozent noch in der Überzahl.

Was die Wahl der Ausbildung betrifft, bleiben Mädchen und Buben jedoch nach wie vor in den traditionell geschlechtsspezifischen Ausbildungen. So sind in Österreich als auch in Deutschland Mädchen selten in technischen und handwerklichen Bereich vertreten und Buben wählen kaum soziale und pädagogische Berufe. Nachdem in den kommenden Jahren die Technologie die größten Veränderungen in Unternehmen bewirken wird, könnte dies wiederum zu Lasten der Frauen gehen.

Um diesen Trends entgegenzuwirken, werden zum Beispiel in Unternehmen Girls' Days und Boys' Days veranstaltet. An diesen Tagen können Mädchen einen Tag in einem handwerklichen, technischen oder naturwissenschaftlichen Betrieb verbringen und Buben soziale Berufe kennenlernen.

So wirkt sich nicht nur die persönliche Berufswahl (es wird in diesem Zusammenhang auch von „Berufung" gesprochen) auf die Zufriedenheit und damit auch auf die Gesundheit von Frauen und Männern aus. Vor allem der Bildungsgrad beeinflusst unsere Gesundheit wesentlich. Er beeinflusst über die ökonomische Lebenssituation den Lebensstil, die Handlungsweisen und auch den Zugang zu sozialen und medizinischen Dienstleistungen.

 So zeigt sich auch in Österreich ein statistischer Zusammenhang zwischen der Lebenserwartung und dem sozioökonomischen Status. Betrachtet man etwa die künftige Lebenserwartung im Alter von 35 Jahren in Abhängigkeit von der höchsten abgeschlossenen Ausbildung, so können Frauen der höchsten Bildungsgruppe mit durchschnittlich 2,8 Lebensjahren mehr rechnen als Frauen der niedrigsten Bildungsgruppe. (Quelle: Frauenbericht 2010, bit.ly/1kjKpHF*)*

Einfalt statt Vielfalt am österreichischen Arbeitsmarkt

Mit dem Blick auf die Ausbildungswahl ist natürlich leicht zu erraten, wohin es mit Frauen und Männern im Beruf geht. Theoretisch wäre für Frauen der Zugang zu typischen Männerberufen und für Männer der Zugang zu typischen Frauenberufen zwar großteils gegeben. Häufig fehlt es jedoch an Motivation, sich in andere Bereiche zu wagen.

 Die Entwicklung am österreichischen Arbeitsmarkt zeigt eine stetig steigende Erwerbsbeteiligung der Frauen an – von 59,4 Prozent (2000) auf 66,4 Prozent (2010). Dennoch gibt es noch immer Berufe, die überwiegend von Männern ausgeübt werden, und Berufe, die überwiegend von Frauen ausgeübt werden. (Quelle: Statistik Austria)

So arbeiten zwei Drittel der Frauen in Frauenberufen, das heißt in Berufen mit über 50 Prozent Frauenanteil. Knapp ein Zehntel arbeitet in „stark segregierten" Frauenberufen, das sind Berufe, in denen der Männeranteil unter 20 Prozent liegt, wie Kindergärtner-Innen, Krankenschwestern, Hebammen etc. Zu den „segregierten" Frauenberufen zählen VerkäuferInnen, KellnerInnen, Reinigungskräfte etc. In gemischten/integrierten Berufen arbeitet knapp ein Viertel der Frauen, wie landwirtschaftliche Fach- und Hilfskräfte, MaschinenbedienerInnen, MedizinerInnen, sonstige WissenschafterInnen etc. In typischen Männerberufen sind nur 8 Prozent der Frauen beschäftigt. Dazu zählen beispielsweise Handwerksberufe, Tätigkeiten im Produktionsbereich, technische, höhere und leitende Dienste in Privatwirtschaft und Verwaltung. Österreich hat damit nach Vergleichsdaten der International Labour Organisation (ILO) im OECD-Durchschnitt die höchste Arbeitsmarktsegregation (d. h. Berufe in typischen Frauen- oder Männerdomänen, die sich signifikant in den erlernten und ausgeübten Berufen wiederfinden) innerhalb Europas, nach Finnland und Schweden. (Quelle: Frauengesundheitsbericht 2010/2011)

 Was heute als typisch männlicher oder typisch weiblicher Beruf gilt, muss keineswegs immer so gewesen sein. Ein besonders eindrucksvolles Beispiel dafür, wie ein Beruf quasi sein Geschlecht gewechselt hat, bieten in Österreich die VolksschullehrerInnen: Lag im Jahr 1950/51 der Anteil männlicher Volksschullehrer noch bei 50,2 Prozent, waren es 2008/09 nur noch 9,7 Prozent. (Quelle: BMASK, bit.ly/LDOJm9)

Gender, Geschlecht und ArbeitnehmerInnenschutz

Für Frauen gelten im Rahmen der gesetzlichen ArbeitnehmerInnenschutzbestimmungen unter bestimmten Voraussetzungen besondere Schutzbestimmungen. Für männliche Arbeitnehmer finden sich keine spezifischen Schutzbestimmungen im ArbeitnehmerInnenschutzgesetz (ASchG) und auch nicht im Kinder- und Jugendlichen-Beschäftigungsgesetz.

Österreich ist seit 1995 dazu verpflichtet, den gesetzlichen ArbeitnehmerInnenschutz an den entsprechenden EU-Richtlinien zu orientieren. Des Weiteren wird mit der ASchG-Novelle (BGBl. I

Nr. 118/2012), die am 1.1.2013 in Kraft getreten ist, die Wichtigkeit der psychischen Gesundheit und der Prävention arbeitsbedingter psychischer Belastungen von Frauen und Männern am Arbeitsplatz, die zu Fehlbeanspruchungen führen, stärker betont. (Quelle: Arbeitsinspektion, Bundesministerium für Arbeit, Soziales und Konsumentenschutz, BMASK)

Wie Frauen und Männer „verunfallen"

Frauen erleiden ein Fünftel aller Arbeitsunfälle im engeren Sinn, stellen aber mittlerweile 45 Prozent aller Erwerbstätigen. 2012 verunfallten 47 von 1.000 männlichen Dienstnehmern und 21 von 1.000 weiblichen. Die höchsten Unfallraten finden wir 2012 mit über 80 Arbeitsunfällen auf 1.000 Dienstnehmer im Jahr bei Männern unter 25, die gleich alten Frauen erlitten im selben Jahr im Schnitt 37 Arbeitsunfälle. In der Altersgruppe der 25- bis 34-Jährigen betragen die Vergleichswerte 50 (Männer) bzw. nur mehr 18 (Frauen). Anders als bei den Männern steigt die Unfallrate ab 45 bei den Frauen wieder leicht an, bei den Wegunfällen sind die Unfallraten sogar höher. Dies ist allerdings auf erhöhte Sturzgefahr zurückzuführen.

Frauen und Männer im Straßenverkehr: In Summe haben Frauen weniger Autounfälle als die männlichen Erwerbstätigen. Von den rund 1,3 Millionen weiblichen unselbstständig Erwerbstätigen wurden 2011 2.884 am Weg von der und zur Arbeit Opfer eines Verkehrsunfalls, von den über 1,5 Millionen unselbstständigen Männern waren es 3.773. Erfreulich ist, dass die Unfallraten bei Verkehrsunfällen sinken.
Es gibt aber auch Altersgruppen – nämlich die ganz Jungen und die ab ca. 50 Jahren –, in denen doch die Frauen etwas mehr Verkehrsunfälle als die Männer erleiden. Wie in der Schweiz sind in Österreich zwischen 7 und 9 Uhr morgens die Unfallraten bei den Frauen höher. Im Gegensatz zur Schweizer Erklärung, dass dieser Umstand „geringerer Fahrpraxis" der Frauen geschuldet sei, könnte auch angenommen werden,

dass eher Frauen die Kinder im Morgenverkehr in den Kinder-
garten/zur Schule bringen. (Quelle: Beate Mayer, Leiterin der
Statistikabteilung/AUVA)

Gender und Diversity – der „moderne" ArbeitnehmerInnenschutz

Um die Prävention von arbeitsbedingten Unfällen, Erkrankungen
und Berufskrankheiten weiter verbessern zu können, vollzieht sich
auch im Sicherheits- und Gesundheitsschutz ein Wandel vom gen-
derneutralen Ansatz zum gendergerechten Arbeitsschutzansatz.
Denn auch am Arbeitsplatz sind traditionelle Rollenbilder und Ei-
genschaftszuschreibungen zum sozialen Geschlecht (engl. gender)
wirksam, die den Sicherheits- und Gesundheitsschutz beeinträchtigen und eine Verbesserung der Arbeitsbedingungen für Frauen
und Männer erschweren können. Dieser Wandel wird über Maßnahmen wie Gender Mainstreaming und Diversity Management
unterstützt.

Genderspezifische Fragen im ArbeitnehmerInnenschutz:
- Sind persönliche Schutzausrüstungen und Arbeitskleidungen für
  Frauen und Männer passend und geeignet?
- Bestehen Bekleidungsvorschriften oder andere betriebliche Re-
  gelungen, die Frauen oder Männer in einem sexualisierten Kon-
  text darstellen?
- Sind die Arbeitsstätten (Umkleideräume, Sanitäreinrichtungen)
  sowohl für Frauen als auch für Männer adaptiert?
- Findet eine Beurteilung der Gefährdungen an Arbeitsplätzen
  sowohl von Frauen als auch von Männern hinsichtlich ALLER
  Belastungen statt – auch arbeitsbedingte psychische Fehlbelas-
  tungen, alle Arbeitsplätze, Arbeitsvorgänge, auch in auswärtigen
  Arbeitsstellen?
- Sind die festgelegten Schutz- und Präventionsmaßnahmen für
  alle ArbeitnehmerInnen gleichermaßen wirksam?
- Ist der Schutz der Fortpflanzungsfähigkeit auch von Männern gewährleistet, etwa beim Umgang mit toxischen chemischen Substanzen?

- Sind bei der Bekämpfung arbeitsbedingter psychischer Belastungen auch Konfliktsituationen, Belästigung, Gewaltvorfälle am Arbeitsplatz Thema?
- Werden Hebehilfen und andere technische Mittel bei Manipulation schwerer Lasten zur Verfügung gestellt? Für Frauen, für Männer?
- Beteiligen sich sowohl Männer als auch Frauen an der Auseinandersetzung mit Arbeitsschutzfragen? Haben alle die Möglichkeit, teilzunehmen?
- Nehmen Frauen und Männer repräsentativ Arbeitsschutzfunktionen wahr? Bestellen die ArbeitgeberInnen z. B. auch Frauen als Sicherheitsvertrauenspersonen?

(Quelle: Renate Novak, Zentral-Arbeitsinspektorat im BMASK und Expertin für Gender Mainstreaming im ArbeitnehmerInnenschutz)

Eine „coole Idee" zur Verdeutlichung: Der Hautschutz war ein Thema, mit dem sich vorwiegend Frauen auseinandersetzten. Aufgrund der starken Zunahme von Hautkrebs wird Hautschutz sowohl für Frauen als auch für Männer immer wichtiger. Im Rahmen der mehrjährigen AUVA-Aktion „Sonne ohne Schattenseiten" gab es unter dem Slogan „Auch harte Männer haben eine empfindliche Haut" eine Initiative speziell für Outdoor-Worker, z. B. am Bau. Die anfängliche Sorge, dass der neu entwickelte Nackenschutz, der am Helm angebracht werden kann, von Männern abgelehnt wird, stellte sich als Irrtum heraus. Im Gegenteil, der Nackenschutz wurde gerne angenommen, da er nicht nur vor der Sonne schützt, sondern auch kühlend wirkt. (Quelle: Astrid Antes, Arbeitsmedizinerin/AUVA, und Klaus Wittig, Stv. Leiter der Präventionsabteilung/AUVA)

Auf die gender- und diversityspezifischen Fragen im ArbeitnehmerInnenschutz gehen wir im Kapitel Ethnie ein.

Grundlegende Kennzahlen für die Dimension Geschlecht

Unternehmen, die proaktiv das Thema Geschlecht in ihrem Unternehmen umsetzen wollen, können mittels DiM-Kennzahlen ein realistisches Bild der Geschlechterverhältnisse in ihrem Unternehmen darstellen. Davon ableitend werden Strategien und Maßnahmen festgelegt. Folgende Kennzahlen können dafür herangezogen werden:

- Anzahl der MitarbeiterInnen nach Geschlecht
- Anzahl der Führungskräfte nach Ebenen und Geschlecht
- Anzahl von Vollzeit/Teilzeitbeschäftigten nach Geschlecht und Hierarchieebenen. Gibt es Teilzeitarbeitskräfte in Führungspositionen?
- Gehalt nach Ebene und Geschlecht. Welche Maßnahmen zur Entgeltgerechtigkeit werden gesetzt?
- Geschlecht der eingestellten/ausgetretenen MitarbeiterInnen in den letzten Jahren
- Anzahl von Männern/Frauen in geschlechtsuntypischen Jobs
- Weiterbildungsbudgets/-kosten/-tage nach Geschlecht
- MitarbeiterInnenzufriedenheit nach Geschlecht
- Budget für Gesundheitsförderung (pro MitarbeiterIn und im Jahresverlauf nach Geschlecht)
- Beteiligung von Frauen und Männern bei der Nachwuchsförderung
- Transgender (Anzahl, Initiativen)

Da Sicherheit und Gesundheit von MitarbeiterInnen auch unmittelbar von den Themen Vereinbarkeit von Beruf und Familie und Arbeitszeit beeinflusst werden, sollten auch noch folgende Fragen beantwortet werden:

- Wie sieht es mit der Vereinbarkeit von Beruf und Familie aus?
- Gibt es weibliche/männliche MitarbeiterInnen mit Verantwortung für pflegebedürftige Angehörige?
- Welche Arbeitszeitmodelle gibt es oder sind denkbar?

Herausforderungen
der Dimension Geschlecht

Trotz aller bisherigen Maßnahmen mit dem Ziel einer gendergerechten Gesellschaft darf jedoch nicht übersehen werden, dass nach wie vor gewisse Dynamiken in Gesellschaft und Arbeitswelt vor allem zu Lasten der Frauen gehen. Allen voran die ungleichen Einkommensmöglichkeiten, Aufstiegschancen, unsere alltägliche Sprache und das über die Werbung hergestellte Bild einer vermeintlichen Wirklichkeit.

„Gender Pay Gap" – wenn Einkommensunterschiede schlagend werden

Seit Jahren wird über die tatsächliche Höhe des Lohnunterschiedes zwischen Frauen und Männern diskutiert. In Österreich wird von einer geschlechtsspezifischen Lohnlücke (Gender Pay Gap) zwischen 12 und 23,7 Prozent ausgegangen. Als zentrale Ursachen für diese Gehaltsunterschiede werden die Erwerbsunterbrechungen und ihre Folgen gesehen. Darüber hinaus sind Frauen stärker in Niedriglohnbranchen tätig und sie sind seltener in Führungspositionen vertreten.

Beim Gender Pay Gap werden geschlechtsspezifische Einkommensunterschiede in Form von prozentuellen Einkommensnachteilen von Frauen, gemessen an den Einkommen von Männern, dargestellt. Österreich ist im Vergleich zu anderen EU-Mitgliedstaaten ein Land mit sehr großen geschlechtsspezifischen Verdienstunterschieden. So lag Österreich 2011 im europäischen Vergleich mit 23,7 Prozent an vorletzter Stelle vor Estland. Am jährlich stattfindenden „Equal Pay Day" soll das Bewusstsein für diese Ungleichheit geschärft werden. Das ist jener Tag im Jahr, ab dem Frauen in Österreich „gratis" arbeiten.

Teilzeit und Minijobs – von Chancen und Sackgassen

Vor allem Frauen unterbrechen aufgrund von Familienaufgaben häufig ihre Erwerbstätigkeit und kehren danach nicht selten in Minijobs oder als Teilzeitkräfte ins Berufsleben zurück. Positiv betrachtet erleichtern Minijobs z. B. Frauen nach der Karenz den Wiedereinstieg ins Arbeitsleben und stellen eine Brücke zur vollen Erwerbstätigkeit dar. Sind beispielsweise vor der Karenz 5,2 Prozent der Frauen geringfügig beschäftigt, sind es nach der Geburt

28,3 Prozent. (Quelle: Studie BMASK, bit.ly/1fyACtd) Aber gerade Minijobs können sich als berufliche Sackgasse erweisen. Wer längerfristig in Teilzeit arbeitet, dem bleiben Aufstiegschancen meist versperrt. Das Gehalt reicht dann weder zur eigenen Existenzsicherung noch zum Erwerb einer angemessenen Pension. In Österreich betrug die Teilzeitquote 2013 für Frauen 45,6 Prozent, für Männer 8,3 Prozent. Im europäischen Vergleich zählt Österreich zu jenen Ländern, die sowohl eine hohe Erwerbsbeteiligung der Frauen als auch eine hohe Teilzeitquote aufweisen. Mit einem weiteren Anstieg der geringfügig Beschäftigten nimmt der Trend auch zu „Minijobs" in Österreich stetig zu.

 Ein „Minijob" wird in Österreich offiziell als geringfügige Beschäftigung bezeichnet. Als „Minijobber" zählt, wer maximal 386,80 Euro im Monat verdient. Der größte Nachteil der Minijobs ist, dass die ArbeitnehmerInnen nicht automatisch sozialversichert sind, sondern nur unfallversichert. Es gibt jedoch die Möglichkeit des „Opting In": Geringfügig Beschäftigte können freiwillig in eine Kranken- und Pensionsversicherung einzahlen. Sowohl in Deutschland als auch in Österreich stellen Frauen mit zwei Dritteln den Großteil der geringfügig Beschäftigten. Unter dem Motto „... und raus bist Du?" nimmt der Equal Pay Day 2014 deshalb Teilzeit und Minijobs nach Erwerbspausen in den Fokus.

Fakt ist, dass die Auswirkungen von niedrigeren Erwerbseinkommen und Versicherungsverläufen nicht nur während der Erwerbsarbeit, sondern vor allem in der Pension existenzgefährdend zu Buche schlagen können. So ist die Armutsgefährdung bei alleinlebenden Pensionistinnen mit 26 Prozent deutlich höher als jene alleinlebender Pensionisten mit 13 Prozent. (Quelle: Statistik Austria) Darüber hinaus können sich existenzielle Belastungen auch negativ auf den Gesundheitszustand auswirken. Vor allem armutsgefährdete Bevölkerungsgruppen sind verstärkt von Krankheiten und Beschwerden betroffen. Auch das Gesundheitsverhalten variiert je nach Einkommen: Je niedriger das Einkommen, desto eher neigen die Personengruppen zu einem risikoreichen Gesundheitsverhalten. (Quelle: Österreichischer Frauengesundheitsbericht 2011/2012)

Karriereknick – ein kaum aufzuholender Rückstand

Wollen Frauen nach der Karenz wieder ins Berufsleben einsteigen, können sie mit dem berüchtigten „Karriereknick" (am Lohnzettel) rechnen. Gehaltssprünge oder Beförderungen hat man in dieser Zeit nicht mitgemacht, und es ist oft schwierig, wieder den beruflichen Anschluss zu finden.

Auch Führungskräfte haben es nach der Karenz schwer, wieder in eine solche Position zu kommen. Das Wort „Teilzeitführungskraft" ist in den meisten Organisationen noch unbekannt oder unerwünscht. Das erklärt auch zum Teil den unterschiedlichen Anteil an Frauen und Männern in Führungspositionen.

Die gläserne Decke – wenn Frauen „hängenbleiben"

Der Begriff gläserne Decke (engl. glass ceiling) ist eine Metapher für das Phänomen, dass qualifizierte Frauen kaum in die Toppositionen in Unternehmen oder Organisationen vordringen und spätestens auf der Ebene des mittleren Managements „hängenbleiben". Die gläserne Decke wird auch als indirekter Diskriminierungsmechanismus gesehen.

So sind nach wie vor Frauen in Führungspositionen oder in Vorstandsetagen selten zu finden. Die Arbeiterkammer Wien untersuchte im Februar 2013 den Anteil von Frauen in den Geschäftsführungen und Aufsichtsräten mit folgendem Ergebnis: In den Geschäftsführungen der Top-200-Unternehmen beträgt der Frauenanteil 5,6 Prozent. Im Aufsichtsrat der Top-200-Unternehmen sind 13,5 Prozent der MandatsträgerInnen weiblich. In den Vorstandsetagen aller Börsenunternehmen sind lediglich 7 Frauen vertreten. In Deutschland beträgt der Frauenanteil unter den gesamten Aufsichtsräten 17,2 Prozent. Das soll sich aber auf lange Sicht ändern, denn ab 2016, so hat es die Große Koalition in Deutschland beschlossen, sollen 30 Prozent der neu zu besetzenden Aufsichtsratsmandate für Frauen reserviert werden.

Als Gründe für die gläserne Decke werden ein auf Männer abgestimmtes Unternehmensklima, stärkere Förderung männlicher Mitarbeiter durch ihre männlichen Vorgesetzten, weitgehender Ausschluss von Frauen aus wichtigen beruflichen Netzwerken sowie Stereotype (wie z. B. dass Karriere und Kinder schwer vereinbar sind) und Vorurteile hinsichtlich der Eignung von Frauen in Führungspositionen benannt.

 Viviane Reding (EU-Kommissarin) und Evelyn Regner (EU-Abgeordnete) schreiben in einem Artikel im Standard: „In diesen wirtschaftlich schwierigen Zeiten, in denen wir alle vor den Herausforderungen einer alternden Bevölkerung, sinkender Geburtenraten und mangelnder Qualifikationen stehen, ist es wichtiger denn je, dass wir uns die Vielfalt menschlicher Talente und Fähigkeiten zunutze machen – unabhängig vom Geschlecht." Die Gleichstellung der Geschlechter am Arbeitsplatz sei daher kein Frauenthema, sondern eine unternehmerische und wirtschaftliche Notwendigkeit. (Quelle: Der Standard, 19. November 2013)

Ebenso spricht sich Tobias Müllensiefen von der Europäischen Kommission am B2B Diversity Day 2013 in Wien für das Durchbrechen der gläsernen Decke aus, denn Frauen würden nicht nur die Teamperformance erhöhen, sondern vor allem in Krisenzeiten maßvollere Entscheidungen treffen.

Sprache schafft Wirklichkeit

Sprache prägt wie kein anderes Medium unser Bewusstsein. Sie schafft und verstärkt, wie schon im Kapitel zu Menschen mit Behinderung beschrieben, unsere „Wirklichkeit". So können beispielsweise in der Arbeitswelt, wenn im Innen- und Außenauftritt ausschließlich maskuline und keine femininen Personenbezeichnungen verwendet werden, Frauen in dieser Wirklichkeit „unsichtbar" werden.

Es ist daher notwendig, in Wort und Schrift eine Basis zu schaffen, die beide Geschlechter sichtbar macht. Wenn vor dem geistigen

Auge neben dem Arbeitnehmer eine Arbeitnehmerin, neben dem Arbeitgeber eine Arbeitgeberin und neben dem Kunden eine Kundin entsteht, dann erweitert das den Blickwinkel. Es wird dann eher überlegt, ob bestimmte Maßnahmen verschiedene Auswirkungen auf Frauen und Männer haben, ob verschiedene Bedürfnisse vorliegen. Das sollte über die Anfangsschwierigkeiten beim Verfassen eines Textes, der geschlechtergerecht formuliert ist, „hinwegtrösten".

Leitfäden zu einer geschlechtergerechten Sprache finden Sie unter BMASK, bit.ly/1cKQQdO und BMWF, bit.ly/19kqjc8.

Bilder sind mächtig

Die Werbung übt einen nicht unwesentlichen Einfluss auf die Gesellschaft aus. So trägt sie neben ihrem Hauptzweck, dem Wirtschaftsmarkt zu Erfolg bzw. steigendem Absatz zu verhelfen, einen nicht unwesentlichen Teil zu unserer Sozialisation bei.

Und trotz des zurzeit rasanten gesellschaftlichen Wandels weicht Werbung in Bezug auf Geschlechterrollen kaum von vorherrschenden Rollenbildern ab. So stellt auch das Europäische Parlament fest, *„dass die Medien eine wichtige Rolle bei der Schaffung und Zementierung von Geschlechterstereotypen"* spielen, und fordert die EU-Institutionen und die Mitgliedstaaten auf, *„ethische und/oder rechtliche Regeln darüber, wie Menschen beiderlei Geschlechts in der Werbung dargestellt werden können und sollten, einzuhalten bzw. solche Regeln einzuführen"*. (Quelle: Europäisches Parlament, bit.ly/19oBDE0)

Es gibt aber auch positive Werbebeispiele, wie etwa jene der Körperpflege-Marke „Dove", die nicht nur die gängigen Schönheitsideale hinterfragt, sondern Frauen mit sogenannten „Selfies" (Handy-Selbstportraits) das Schönheitsideal mitbestimmen lässt. In Österreich hat im Rahmen des „Gender Award Werbung" der Werbespot „Reifenpanne" der Werbeagentur McCann gewonnen: YouTube, bit.ly/1cRLhdN.

Versuchen Sie daher, Bilder oder/und Texte in Marketing und Werbung achtsam einzusetzen, von herkömmlichen Klischees abzuweichen und Frauen und Männer auch in atypischen Berufsbranchen vorzustellen.

Gender: Gesundheit und Prävention

Warum „Gesundheit für alle!" ein Thema ist

Die Gesundheit gilt als eines der wichtigsten Güter, wenngleich der Spruch „Die Gesundheit ist das höchste Gut" zu Recht in Frage gestellt wird. Denn Gesundheit ist keine notwendige Bedingung, um glücklich zu sein. Auch kranke Menschen oder Menschen mit schweren Behinderungen können ein glückliches und erfülltes Leben führen. So bestand für Aristoteles das höchste Gut „in einem guten oder glücklichen Leben", Nietzsche sah in der „Gesundheit dasjenige Maß an Krankheit, das es mir noch erlaubt, meinen wesentlichen Beschäftigungen nachzugehen", und Thomas von Aquin bezeichnete Gesundheit „weniger als Zustand als eine Haltung, die mit der Freude am Leben gedeiht".

Betrachten wir Gesundheit in Zusammenhang mit Arbeit, ist schon längst bewiesen, dass die Erwerbsarbeit einen ganz wesentlichen Einfluss auf die physische und psychische Gesundheit von Frauen und Männern hat. Sie ist neben dem Geld, das u. a. in Existenzsicherung, Bildung, Lebensstil, Sicherheit und Gesundheit investiert wird, identitätsstiftend, zeitstrukturierend, bietet Abwechslung zur Freizeit und das Ausleben sozialer Kontakte.

Arbeit kann aber auch Krankheit (mit) verursachen. Neben den schon genannten Unfallzahlen sind es vor allem die psychischen Krankheiten wie Stress, Depressionen, Burnout, die durch Faktoren wie Zeitdruck, Rund-um-die-Uhr-Verfügbarkeit, zu hohen Komplexitätsgrad, Mobbing, Gewalt am Arbeitsplatz, Angst vor drohender Arbeitslosigkeit und Unvereinbarkeit von Familie und Beruf mit ausgelöst werden können.

Gesundheit wird darüber hinaus immer stärker als entscheidender Faktor für wirtschaftliches Wachstum gesehen, da schlechte Gesundheit einen hohen Anteil an Arbeitsausfällen verursacht. So liegen Krankenstände in einer Größenordnung von 3 bis 6 Prozent der Gesamtarbeitszeit. Nahezu 10 Prozent der Menschen beendeten 2009 eine Beschäftigung aus Gesundheitsgründen. Trotz dieser Zahlen werden auf der anderen Seite nur 3 Prozent der aktuellen

Gesundheitsausgaben für Prävention und Gesundheitsförderung aufgewendet. (Quelle: European Health Forum/EHFG, 2013)

Auch die Wirtschaft soll in der Gesundheitsförderung eine wichtige Rolle spielen. Das finden zumindest 82 Prozent der Befragten der groß angelegten Edelman Health Barometer Gesundheitsstudie. Allerdings sind nur 32 Prozent davon überzeugt, dass sie diese Rolle derzeit auch wahrnimmt. Die Befragten wünschen sich, dass Unternehmen auf verschiedenen Ebenen aktiv werden, in der Gesundheitsaufklärung ebenso wie durch Innovation oder in der betrieblichen und lokalen Gesundheitsförderung.

Unterstützung gibt es auch von politischer Seite. So hat die österreichische Bundesregierung in ihrem neuen Arbeitsprogramm beschlossen, die berufs- und zielgruppenspezifische Prävention und Gesundheitsförderung als Leitgedanken zu etablieren, wobei Frauengesundheit und Gendergerechtigkeit weiterhin als Schwerpunkte in das Gesundheitssystem integriert werden.

Welchen Beitrag können nun Unternehmen zur Bewahrung der Gesundheit ihrer ArbeitnehmerInnen leisten?

„Stress lass nach" – die Vereinbarkeit von Beruf und Familie

Die derzeitige Rollenaufteilung in Familien verursacht eine starke gesundheitliche Belastung von Männern vor allem durch berufliche Anforderungen, wobei emotionaler und sozialer Ausgleich häufig fehlen. Bei Frauen verursacht die Familienorientierung stärkere psychischen Belastungen, teilweise auch in der Berufstätigkeit.

So hat sich laut Peter Rieder, Experte vom Audit berufundfamilie, auch in der Vergangenheit schon gezeigt, dass flexible Lösungen für eine gute Vereinbarkeit von Beruf und Familie ein Garant für gesundes Arbeiten bis in ein höheres Alter sein können. MitarbeiterInnen, die in Summe weniger belastet sind, leisten bessere Arbeit, weisen weniger Krankenstände auf und sind eher bereit und in der Lage, ihre wertvolle Arbeitskraft länger dem Betrieb zur Verfügung zu stellen. Reduktion von Stress und die Förderung des Wohlbefindens tragen im Sinne der betrieblichen Gesundheitsförderung auch zur Gesundheit der Beschäftigten bei.

Als Unternehmen können Sie mit unterschiedlichen Verbesserungsmaßnahmen zur Erhaltung der Gesundheit ihrer MitarbeiterInnen beitragen. Sie können z. B. in Gesundheitszirkeln verschiedene Arbeitszeitmodelle und Arbeitsformen diskutieren, um die Flexibilität zu erhöhen, und gemeinsam mit ExpertInnen Maßnahmen wie Gleitzeit, Teilzeit, Schichtmodelle, Arbeitszeitkonten, Sabbatical usw. umsetzen. Sie können des Weiteren Maßnahmen zu Elternteilzeit und Kinderbetreuungseinrichtungen unterstützen. All das kann positive (gesundheitliche) Effekte für beide Geschlechter hervorrufen und sich wiederum positiv auf den Unternehmenserfolg auswirken.

 Tipp: Der kostenlose „Berufundfamilie-Index" unter www.berufundfamilie-index.at gibt Ihnen Feedback auf die Vereinbarkeit von Beruf und Familie in Ihrem Betrieb. Für die Einführung und Weiterentwicklung von familienfreundlichen Maßnahmen in Österreich gibt es seit fast 15 Jahren das „Audit berufundfamilie". Weitere Infos unter www.familieundberuf.at sowie www.arbeitswelten.at.

Karrierekick statt Karriereknick durch gutes Karenzmanagement

Wollen Unternehmen nicht auf die Potenziale von Frauen verzichten und diese bewusst im Betrieb halten, wird es immer wichtiger, in ein gutes Karenzmanagement zu investieren bzw. auch die Attraktivität von „Väterkarenz" zu erhöhen. Aktuell beträgt der Anteil der Männer an den Personen, die Elternkarenz in Anspruch nehmen, nur knapp 3 Prozent.

Betriebe können mit gezieltem Karenzmanagement, wie z. B. der Etablierung von Auszeitenmanagement, Weiterbildungsangeboten während der Karenzzeit, Homeoffices etc., die Frauen in ihrer Reintegration unterstützen. Flexible Lösungen bieten Frauen und Männern in Karenz vor allem psychische Entlastung, denn sie fühlen sich in ihrer Elternrolle unterstützt und haben nicht den Druck, sich entweder für Kind oder Karriere entscheiden zu müssen.

Frau Pyrker von *Austria Bio Plastics* investiert bewusst in das Potenzial ihrer karenzierten Mitarbeiterinnen, indem sie ihnen nicht nur ein eigenes Homeoffice einrichtet, sondern auch gleich ein Gitterbett in ihr eigenes Büro stellt. Die jungen Mütter kommen zwei Stunden am Tag in den Betrieb – den Rest erledigen sie von zu Hause aus. Frau Pyrker findet, *„dass es eine Sache der Einstellung ist, denn umgesetzt ist es schnell und letztendlich finden es alle toll".*

Bei der *Raiffeisenlandesbank NÖ-Wien* werden für eine gute Reintegration karenzierte MitarbeiterInnen z. B. zweimal pro Jahr zum „Eltern-Kind-Frühstück" eingeladen. Dabei erhalten die Eltern wertvolle Informationen aus dem Unternehmen und tauschen sich mit ihren Führungskräften aus. Ein standardisierter Karenzmanagement-Prozess stellt sicher, dass Führungskräfte wie rückkehrende MitarbeiterInnen rechtzeitig informiert werden und passgenaue Lösungen gefunden werden können. Ein eigener Kindergarten und ein eigenes „Life-Balance-Center" mit umfangreichen Angeboten werden ebenfalls angeboten.

Auch bei der *Allianz* wird auf professionelles Karenzmanagement gesetzt. *„Durch die flexiblen Lösungen für karenzierte Mütter und Väter können wir auch eine sehr niedrige Fluktuationsrate sicherstellen"*, berichtet die Allianz-Personalentwicklerin und Diversity-Beauftragte Sabine Caliskan.

Gesund und fit – wer macht mit?

Neben der Schaffung von unterstützenden Rahmenbedingungen, wie z. B. Vereinbarkeit von Beruf und Familie und Karenzmanagement, geht es im Gesundheitsbereich auch um gut geplante Präventions- und Gesundheitsfördermaßnahmen. Sie sollen die ArbeitnehmerInnen in ihrer Gesundheitskompetenz stärken.

Anders jedoch als beim klassischen ArbeitnehmerInnenschutz, bei dem es einzuhaltende Vorschriften gibt, basiert das Gesundheitsthema auf Freiwilligkeit, das heißt, es gibt keine Rechtsgrundlage, die MitarbeiterInnen zum Mitmachen verpflichtet. Das bringt nicht selten Enttäuschungen mit sich, denn Unternehmen bieten häufig Fitness- und Health-Programme an, die von den MitarbeiterInnen wenig bis gar nicht angenommen werden. Daher wird die Frage immer wichtiger, wie die MitarbeiterInnen erreicht werden können und wie man sie zur Teilnahme motivieren kann.

Beim Lebensmittelhändler *SPAR* wurde für das nachhaltige Gesundheitsprogramm „Gesund bei SPAR" eine „SPAR Health Card" entworfen. MitarbeiterInnen erhalten Punkte, wenn sie z. B. ausgewiesene gesunde Speisen kaufen, an angebotenen Gesundheitsprogrammen und Vorträgen teilnehmen etc. Die SPAR Health Card schärft damit auch den Blick auf die eigene Gesundheit. Für das Gesundheitsengagement wurde SPAR mit dem „Gütesiegel Betriebliche Gesundheitsförderung" ausgezeichnet. (Quelle: Matej Vonasek, Leiter Abteilung Personal und Personalentwicklung, SPAR)

Mit dem Gütesiegel Betriebliche Gesundheitsförderung (BGF) werden Betriebe für eine erfolgreiche Projektdurchführung im Bereich der betrieblichen Gesundheitsförderung beziehungsweise für die erfolgreiche langfristige Implementierung eines betrieblichen Gesundheitsmanagementsystems ausgezeichnet.
Die BGF-Charta gilt als Absichtserklärung und bringt die grundlegende Orientierung des Betriebes an den Qualitätskriterien des Österreichischen Netzwerks Betriebliche Gesundheitsförderung (ÖNBGF) zum Ausdruck.

Von Gerlinde Petz, Firma *Saubermacher*, wurde im Rahmen der betrieblichen Gesundheitsförderung ein Gesundheitskalender erstellt. Es wurden aus dem eigenen Betrieb zwölf MitarbeiterInnen persönlich mit Fotos in deren unterschiedlichen Tätigkeitsbereichen vorgestellt, einschließlich ihrer Motivatoren, Belastungen und gefährlicher Arbeitssituationen. Zusätzlich finden sich im Gesundheitskalender ein Überblick über umgesetzte Maßnahmen auf Anregung der MitarbeiterInnen, Erste-Hilfe-Maßnahmen, Gesundheitstipps, Hinweise für Vorsorgeuntersuchungen sowie ein Kalender für Arzttermine.

DiM und GM bringen (noch mehr) Vielfalt in Gesundheit und Prävention

In einem Großteil der Gesundheitsförderprogramme werden Unterschiede zwischen Frauen und Männern noch wenig bis gar nicht berücksichtigt. Meist fehlt es am Bewusstsein für die Notwendigkeit und Nützlichkeit geschlechter- und zielgruppensensibler Zugänge im Gesundheitswesen.

Mittlerweile ist jedoch erforscht, dass Frauen und Männer mit dem Begriff „Gesundheit" häufig ganz unterschiedliche Vorstellungen verbinden. Und sie haben auch unterschiedliche Erwartungen an Gesundheitsmaßnahmen. So definieren Männer z. B. Gesundheit eher im Sinne von „Leistungsfähigkeit" und „Abwesenheit von Krankheit". Sie bevorzugen daher Angebote, die auf Steigerung von Leistungsfähigkeit hinarbeiten und die einen eher instrumentalen Charakter besitzen, um ein konkretes Gesundheitsproblem anzugehen. Für Frauen wiederum spielen neben der Bewältigung konkreter Gesundheitsprobleme zusätzlich affektive Momente (Erhöhung des Wohlbefindens) eine relativ große Rolle. Trotzdem ist Gesundheit für Männer nicht weniger wichtig als für Frauen. Werden Gesundheitsangebote für Frauen und Männer verglichen, ist jedoch festzustellen, dass sich diese stärker an Vorlieben von Frauen richten und sich die wenigen geschlechtsspezifischen Angebote ebenso überwiegend an Frauen orientieren. Das wiederum bedeutet, dass Angebote zur Gesundheitsförderung und Prävention nach wie vor so gestaltet und beworben werden, dass sich Männer gar nicht angesprochen fühlen können. (Quelle: Die Gesundheit von Männern ist nicht die Gesundheit von Frauen, GBE, bit.ly/1fLGWNB)

Diversity Management und Gender Mainstreaming beziehen in der Prävention und Gesundheitsarbeit diese Erkenntnisse mit ein, um MitarbeiterInnen bestmöglich in ihrer Gesundheitskompetenz zu unterstützen.

 Ingrid Hallström, Arbeitsmedizinerin, AUVA/Abt. HUB:
„Aus heutiger Perspektive kann ich sagen, dass Gender Mainstreaming als Querschnittsthema durchgängig in unsere Pro-

duktgestaltung einfließt. Das bedeutet, dass wir uns in einem Projekt auch immer geschlechtsspezifische Fragen stellen müssen. Es muss im GM auf die unterschiedlichen Bedürfnisse von und Auswirkungen auf Frauen und Männer geachtet werden. Das bedeutet dann auch, unterschiedliche Herangehensweisen zu wählen."

Beispiele für genderspezifische Fragen in der Gesundheitsförderung:

- Sind Frauen und Männer von einer Maßnahme/von einem Thema/bei der Mittelvergabe unterschiedlich betroffen?
- Gibt es Statistiken, die die Verteilung von Gesundheitsproblemen nach Männern und Frauen dokumentieren?
- Nehmen Frauen und Männer die Angebote (z. B. Gesundheitsförderung) in gleichem Maß in Anspruch?
- Wie ist die Verteilung der Kosten nach Geschlecht?
- Wie beeinflusst die beabsichtigte Maßnahme die Unterschiede zwischen den Geschlechtern?
- Werden Gründe und Auswirkungen der geschlechtsspezifisch unterschiedlichen Inanspruchnahme verschiedener Arbeitsformen (Teilzeit, Heimarbeit) thematisiert?
- Wird auf Probleme von berufstätigen Frauen (häufige Doppel- oder Dreifachbelastung, Gehaltsunterschiede, unterschiedliche Aufstiegschancen) eingegangen?
- Welche Rahmenbedingungen sind nötig, dass Männer Karenzurlaub beanspruchen?
- Welche Ursachen gibt es für geschlechterdifferente Verteilung von Gesundheitsproblemen/Krankheiten?
- Spielt ein unterschiedliches Gesundheitsverhalten/Sicherheitsverhalten von Frauen und Männern eine Rolle (Prävention/Risiko)?
- Welchen Ausschlag gibt Geschlecht im Verhältnis zu anderen Sozialfaktoren (Alter, Schicht, Ethnizität etc.)?

(Quelle: Ingrid Hallström, Arbeitsmedizinerin, AUVA/Abt. HUB)

 Einen Gendercheck zum Downloaden finden Sie auch auf der Seite der Wiener Gesundheitsförderung (WIG) unter bit.ly/1cAntec. *Er unterstützt bei Aufbau und Monitoring von*

Gesundheitsprojekten. Laut Kristina Hametner (WIG) kann der Gendercheck auch in der betrieblichen Gesundheitsförderung, z. B. im Rahmen eines Gesundheitszirkels, eingesetzt werden.

Ebenso bietet quint-essenz in der Schweiz einen kostenlosen On-line-Gendercheck unter: <u>bit.ly/1crbNQl</u>.

„Gender matters"! Gezielte Präventionsmaßnahmen für Frauen und Männer

Frauen und Männer haben nicht nur spezifische Vorstellungen von Gesundheit und Erwartungen an Gesundheitsprogramme, sondern auch spezifische Gesundheitsprobleme. Es gilt mittlerweile als erwiesen, dass sich bestimmte Krankheiten bei Frauen anders äußern als bei Männern. Besonders auffällige Geschlechtsunterschiede zeigen sich etwa bei Rheuma oder Herz-Kreislauf-Erkrankungen. Wobei Herzinfarkt und Schlaganfall – wie man heute weiß – keineswegs typische Männerkrankheiten sind.

 Wussten Sie, dass Herz-Kreislauf-Erkrankungen nicht nur bei Männern, sondern längst auch bei Frauen in Industrieländern die häufigste Todesursache sind? Im Jahr 2011 starben 42,3 Prozent der ÖsterreicherInnen an Herz-Kreislauf-Erkrankungen. Unter den Frauen betrug die Mortalitätsrate 47,1 Prozent und war somit höher als bei den Männern (37,1 Prozent). Jüngere Frauen mit Herzinfarkt haben ein deutlich höheres Sterberisiko gegenüber Männern. Unter dem Alter von 50 Jahren weisen Frauen ein doppelt so hohes Risiko auf wie Männer, an einem Herzinfarkt zu versterben. Wegen der Fehleinschätzung der Symptome wird Frauen vielfach erst später als männlichen Betroffenen lebensrettende medizinische Hilfe zuteil. (Quellen: Österreichischer Frauengesundheitsbericht 2010/2011: <u>bit.ly/1fMf8st</u>, *Herz-Kreislaufreport für Österreich – Medizinische Universität Graz,* <u>bit.ly/1iGztjm</u>)*

Bei der Behandlung von PatientInnen als auch bei der Diagnose und Prävention spielen sowohl der Faktor Geschlecht (sex) eine

120

wesentliche Rolle als auch beispielsweise Alter, Kultur und unterschiedliche Lebenswelten (gender). Die Gendermedizin hat dabei in Österreich in den letzten Jahren einen großen Beitrag geleistet und findet in der Gesundheitsthematik auch immer stärker Beachtung. So lassen sich nach Beate Wimmer-Puchinger, Universitätsprofessorin, Gesundheitswissenschafterin und Expertin für Frauengesundheit, die zentralen Erkenntnisse der geschlechtsspezifischen Medizin folgendermaßen zusammenfassen:

- Bei Frauen treten im Vergleich zu Männern dieselben Erkrankungen unterschiedlich häufig auf, wie Depressionen, Osteoporose, Suchterkrankungen, Migräne, Arthritis etc.
- Bei ein und derselben Erkrankung zeigen sich die Beschwerden unterschiedlich, z. B. bei kardiologischen Erkrankungen.
- Es gibt spezifische Erkrankungen bei Frauen, die sehr stark mit ihrer Rolle in der Gesellschaft, Fertilität und Sexualität korrelieren. Das sind Essstörungen, unspezifische Unterbauchbeschwerden, körperliche und seelische Folgen nach körperlicher, sexueller und psychischer Gewalt.
- Ein und dieselbe Erkrankung insbesondere der psychischen Gesundheit wird unterschiedlich interpretiert und behandelt.
- Die Inanspruchnahme der Früherkennung und Prävention ist bei Frauen und Männern unterschiedlich gelagert. Derzeit überwiegen die Frauen.

Durch die Erkenntnisse der Gendermedizin können laut Beate Wimmer-Puchinger auch Unternehmen und MitarbeiterInnen profitieren, wie beispielsweise durch

- maßgeschneiderte und somit passende Präventions-, Früherkennungs- und Gesundheitsförderungsangebote für betriebliche Gesundheitsmaßnahmen,
- besseres Verständnis, bessere Awareness für Diskriminierung und Belastungen,
- bessere Kommunikation und fallweise auch Enttabuisierung von verschiedenen Beschwerden,
- besseres Eingehen auf unterschiedliche Bedürfnisse und Profile von Frauen und Männer.

Für Unternehmen bedeutet dies, im Rahmen ihres DiM die entsprechenden Maßnahmen und Aktivitäten geschlechtssensibel zu planen und umzusetzen. Nicht nur um den jeweils unterschiedlichen geschlechtsspezifischen Erfordernissen gerecht zu werden, sondern um Präventionsmaßnahmen auch effektiv und nachhaltig gestalten zu können. Dabei kann auf die erfolgreichen Konzepte von Gendermainstreaming- und Diversity-Schulungen im Hinblick auf Erkenntnisse der Gesundheitsförderung zurückgegriffen werden.

Wobei es nach Alexandra Kautzky-Willer, Universitätsprofessorin an der Gender Medicine Unit/Medizinische Universität Wien letztendlich kein starkes oder schwaches Geschlecht, sondern männliche und weibliche Kräfte und Wertvorstellungen gibt, sowie geschlechtssensible – wenn auch teils kulturell, sozial und umweltbedingte – Lebensweisen; beide Kräfte sollen für die größte Vielfalt und den besten Fortschritt für den Menschen genützt werden. (Quelle: Medizinische Universität Wien, bit.ly/1cgcPK7)

Gesundheit ist ansteckend!

Wir haben nicht nur einen enormen Einfluss auf unsere eigene Gesundheit, sondern auch auf die Gesundheit der Menschen um uns. Das bedeutet, dass sich gute Gesundheitsgewohnheiten in sozialen Netzwerken ebenso verstärken können, wie die schlechten. So zeigt das Ergebnis der Edelman Health Barometer Gesundheitsstudie, dass bei 43 Prozent der Befragten nach dem eigenen Verhalten die FreundInnen und Angehörigen es sind, die am meisten Einfluss auf ihre persönliche *Gesundheit* haben, und 36 Prozent der Befragten sind davon überzeugt, dass FreundInnen und Angehörige den größten Einfluss auf ihr *Ernährungsverhalten* haben. (Quelle: EHFG, 2013)

Für die betriebliche Gesundheitsarbeit bedeutet dies, dass es wichtig ist, auch auf die Implementierung von innerbetrieblichen MultiplikatorInnen in der Frauen- und Männergesundheit zu achten. Damit können weitere Gesundheitsinformationen und -aktivitäten für die Zielgruppe (z. B. nach einem Projektabschluss) nachhaltig im Betrieb implementiert werden. Zu den Aufgaben der GesundheitsmultiplikatorInnen zählen Unterstützung für die KollegInnen, Informationsdrehscheibe zwischen Führung und MitarbeiterInnen, Motivation sowie Bewusstseinsbildung für Gesundheitsförderung etc. Von wesentlicher Bedeutung ist auch die starke Empowerment-komponente für Frauen und Männer. Darunter wird die Befähigung verstanden, eigene Bedürfnisse zu äußern, sowie die Fähigkeit, diese Forderungen/Bedürfnisse umzusetzen. Sie gewinnen die Fähigkeiten, ihr Leben eigenverantwortlich zu gestalten, und verfügen über eine größere Kompetenz im Umgang mit der eigenen Gesundheit. (Quelle: Karin Korn/FEM Süd)

HERZEN & BÄRTE – Kampagnen zur geschlechtsspezifischen Gesundheit und Prävention

Der Genderaspekt wird also immer häufiger von Organisationen und Institutionen aufgegriffen, die zur Gesundheitsaufklärung und zu verbesserten Gesundheitsmaßnahmen beitragen wollen.

So engagiert sich laut Brandmanagerin Katharina Pfeil *Coca-Cola light* seit 2012 mit der Bewusstseinskampagne „Folge deinem Herz" für das Thema Herzgesundheit bei Frauen in Österreich. Das erklärte Ziel der Kampagne ist, auf die Bedeutung von Präventionsmaßnahmen hinzuweisen und damit Herz-Kreislauf-Erkrankungen bei Frauen in den nächsten Jahren deutlich zu senken. Hintergrund ist, dass Herz-Kreislauf-Erkrankungen auch bei Frauen die Todesursache Nummer eins sind, jedoch nur ca. 25 Prozent der ÖsterreicherInnen dies wissen. *„Wir wollen für das Thema Herzgesundheit einen ähnlichen Bekanntheitsgrad wie jenen der Brustkrebs-Initiative ‚Pink Ribbon' erreichen, weil wir Herzgesundheit als ein sehr wichtiges, aber noch relativ unbekanntes Thema sehen. Darüber hinaus unterstützen wir auch Forschungseinrichtungen zu diesem Thema".* Coca-Cola light setzt sein Thema Herzgesundheit aber auch intern bei seinen MitarbeiterInnen um. So wird am Valentinstag zum Thema Herzgesundheit dekoriert, informiert und zum Herzgesundheits-Check im Rahmen der Vorsorgeuntersuchung motiviert.

Weitere Infos unter www.cokelight.at.

Unter dem Motto „Mehr Herz. Mehr Frau. Mehr Leben" informiert die Initiative *ZONTA Golden Heart* in vielfältiger Weise über die Besonderheiten von Herz-Kreislauf-Erkrankungen bei Frauen, deren Risikofaktoren und ihre gezielte Vermeidung. Jeanette Strametz-Juranek, Universitätsprofessorin Medizinische Universität Wien und Vorsitzende des wissenschaftlichen Beirats von Zonta Golden Heart, spricht sich *„für die Integration von geschlechtsspezifischen Gesundheitsmaßnahmen in die betriebliche Gesundheitsarbeit aus. Betriebe können die Maßnahmen zur Herzgesundheit von Frauen ganz leicht umsetzen, indem sie informieren und beispielsweise mit der Betriebsküche vereinbaren, dass weniger gesalzen wird, oder indem BewegungstrainerInnen in den Betrieb geholt werden".*

Weitere Infos unter www.zontagoldenheart.com.

Im Bereich Männergesundheit versucht *MOVEMBER* mit seiner Kampagne das Thema Krebs und Depressionen bei Männern zu enttabuisieren. Christian Seidl: *„Wir wollen Bewusstsein für Prostatakrebs, Hodenkrebs und Depressionen schaffen, denn neben Krebs wird die psychische Gesundheit von Männern ein immer wichtigeres Thema."* Die Initiative – oder wie Christian Seidl von MOVEMBER so schön sagt: das *„Movement"* – wurde in Australien initiiert, hat sich mittlerweile in 21 Ländern verbreitet und ist seit 2012 auch in Österreich vertreten. „Movember" ist ein Kunstwort, zusammengesetzt aus „Moustache" (Schnauzbart) und November. Wie funktioniert's: Männer lassen sich ab November (am 1. November wird glattrasiert) einen Schnurrbart wachsen. Am Ende des Monats sollte schließlich bei jedem Teilnehmer ein gepflegter 30-Tage-Schnauzbart stehen. *„Das wichtigste daran"*, so Seidl, *„ist die persönliche Kommunikation – dass Mann darüber spricht und das Thema Krebs und Depressionen bei Freunden, Vätern, Söhnen, Bekannten etc. weiterträgt. Wobei auch die Verbreitung über Soziale Medien ein wesentliches Element ist, mit der hohes Bewusstsein geschaffen werden kann".* In Österreich unterstützt Movember die Universitätsklinik Innsbruck in der Prostatakrebsforschung. Movember baut in der Kooperation mit Unternehmen sehr stark auf deren Eigeninitiativen auf.

Weitere Infos unter at.movember.com.

Soziale Medien können gesundheitsbewusstes Verhalten durchaus fördern, zeigt eine Studie. 51 Prozent der Befragten gaben an, digitale Quellen für Gesundheitsinformationen zu konsultieren. Laut Prognose sollen bis zum Jahr 2017 50 Prozent aller UserInnen von Mobilgeräten mobile Gesundheits-Apps („mHealth") verwenden. (Quelle: EHFG, 2013)

Über solche Initiativen und Kampagnen werden Unternehmen angeregt, nachhaltige Maßnahmen in ihre betriebliche Gesundheitsstrategie zu integrieren.

Zusammenfassung

Zur Vielfalt gehören Frauen UND Männer mit all ihren Talenten, Potenzialen und Ressourcen. Es gilt daher auch nicht zu werten, welche Fähigkeiten (von Frauen oder Männern) wir besser oder wahrscheinlicher benötigen (werden). Denn das wissen wir nicht.

Im Kapitel wurde darauf hingewiesen, dass es jedoch nach wie vor sichtbare und zum Teil auch unsichtbare Dynamiken gibt, die häufig zu Lasten von Frauen gehen. Aber auch Männer werden immer stärker mit spezifischen Herausforderungen konfrontiert. Diese Herausforderungen können sich negativ auf die Gesundheit und Sicherheit von Frauen und Männern auswirken. Für Unternehmen wird es daher immer wichtiger, sich diese Dynamiken und deren Auswirkungen bewusst zu machen. Da müssen wir aufpassen. Und zwar alle. Auf alle!

Diversity Management und Gender Mainstreaming unterstützen beim Aufzeigen der Vielfaltsaspekte in Gesundheit und Prävention. In der Verknüpfung mit dem betrieblichen Gesundheitsmanagement können sie auch zu einem (Erfolgs-)Faktor werden. Dabei sollte darauf geachtet werden, dass bestehende Klischees und gängige Alltagspraxen nicht festgeschrieben, sondern zeitgemäß erneuert werden. Durch größeres Wissen über den geschlechtsspezifischen gesundheitsbezogenen Lebensstil können wirksamere Präventions- und Gesundheitsmaßnahmen für Frauen und Männer abgeleitet und umgesetzt werden.

Exkurs Gesundheit & Führung

Gesunde Führungskräfte = gesunde MitarbeiterInnen

Verantwortung in der Führung

Was zeichnet erfolgreiche und gesunde Führungskräfte aus? Und wie können diese ihre eigene Gesundheit und die ihrer MitarbeiterInnen erhalten? Denn Führungskräfte sind nicht nur für sich selbst, sondern auch für die Menschen, die sie führen, verantwortlich.

Betrachten wir zuerst das Wort „Führungs-Kraft" genauer. Unter „Führung" versteht man (nach aktuellem Stand der Forschung) eine ausgewogene Mischung aus Management und Leadership. Management steht für Organisation, Planung, Rahmenbedingungen; Leadership für Inspiration, Vorbild, Motivation. Und „Kraft"? Zuerst fällt uns vermutlich die Physik ein. Außerdem verstehen wir unter „Kraft" die körperliche oder geistige Fähigkeit zu bestimmten Handlungen. Mit „Kraft" verbinden wir zumeist Begriffe wie Stärke, Energie, Ressourcen und Gesundheit. All das ist wichtig bei der Führung von MitarbeiterInnen, um komplexe Projekte zu bewältigen und herausfordernde Ziele zu erreichen. Aber allzu oft konzentrieren wir uns darauf, wie Führungskräfte andere anleiten, inspirieren und unterstützen können, und vergessen dabei, dass diese Kraft zu allererst bei den Leitungspersonen selbst immer wieder aufs Neue entwickelt und erhalten werden muss.

Kraft (Gesundheit) ist nicht unerschöpflich

Kraft kann sich erschöpfen. Die Anforderungen an Führungskräfte und MitarbeiterInnen sind groß und werden in Zukunft noch steigen. Dazu tragen nicht nur ein immer entfesselteres Wirtschaftsleben, unsichere Märkte und ein ständig steigender Zeit- und Leistungsdruck bei. Führungskräfte sind auch täglich mit der gesamten Palette an Befindlichkeiten, Eigenschaften, Temperamenten und Qualifikationen ihrer diversen MitarbeiterInnen konfrontiert. Die

Organisationswelt wird immer bunter – Schwarz-Weiß-Lösungen funktionieren nicht mehr.

Mit diesen Herausforderungen konfrontiert, überschreiten auch Führungskräfte immer wieder und immer häufiger ihre physischen und psychischen Grenzen, oftmals ohne es selbst zu merken. Nur die wenigsten gehen in solchen Situationen automatisch großzügig und wertschätzend mit sich selbst um. Viel eher kommen noch sogenannte innere Antreiber wie „Streng Dich an", „Sei perfekt" oder „Sei stark" hinzu. Diese können einerseits motivieren und stärken, jedoch gleichzeitig Führungskräfte an ihre Grenzen (ver-)führen. Die Grenze dabei ist sehr individuell: Was eine Person stresst, stresst eine andere noch lange nicht – und umgekehrt.

 Die Gefahr, auch als Führungskraft den Fokus zu verlieren und emotional oder körperlich auszubrennen, ist groß. Strukturierte Settings wie Coaching, Supervision, Mentoring und kollegiale Beratung bieten Führungskräften wie MitarbeiterInnen einen professionellen, lösungsorientierten Rahmen, um ihre beruflichen Herausforderungen zu reflektieren und persönliche Entwicklung anzustoßen.

Eine gute Führungskraft kennt ihre Grenzen und wird ein Gespür dafür entwickeln, was sie an ihren persönlichen Grenzen tun muss, um gesund zu bleiben. Sie wird ihre Kraft erhalten, um diese auch positiv an andere weitergeben zu können.

Führungskräfte sind (pro-)aktive Vorbilder, auch in der Prävention

Eine Studie, ausgewertet von der Universität St. Gallen, belegt, dass Führungskräften sowohl in der physischen als auch psychischen Fitness und damit Prävention eine zentrale Rolle zukommt. Zum einen ist ihr Führungsstil von hoher Bedeutung für die psychische Gesundheit von MitarbeiterInnen. Zum anderen nehmen die Führungskräfte eine Vorbildfunktion ein. Achten Führungskräfte auf ihre eigene Gesundheit, wirkt sich das auf die MitarbeiterInnen positiv aus.

Psychisch gesunde MitarbeiterInnen identifizieren sich wiederum um 54 Prozent mehr mit dem Unternehmen, fühlen sich um 23 Prozent stärker integriert, sind um 30 Prozent zufriedener und zeigen um 26 Prozent mehr Bindung als jene MitarbeiterInnen, die mit psychischen Problemen zu kämpfen haben. Das hat vor allem auch Auswirkungen auf die Unternehmensleistung: Diese steigt um 15 Prozent, wenn die MitarbeiterInnen mental gesund sind. Negative Faktoren vermindern hingegen die Unternehmensleistung signifikant. Laut Studie ist eine gesunde Führung dann gegeben, wenn Führungskräfte sich für die Gesundheit ihrer MitarbeiterInnen verantwortlich fühlen, ihnen achtsam begegnen und ein gutes Vorbild im Umgang mit der eigenen Gesundheit sind. (Quelle: „Top Job"-Trendstudie 2013)

Wer also als Führungskraft konstant Leistung auf hohem Niveau bringen und dabei gesund bleiben will und wer auch möchte, dass die MitarbeiterInnen gesund bleiben, wird nicht umhinkommen, sich in seiner Führungsfunktion und -verantwortung mit dem Thema Gesundheit auseinanderzusetzen. Dazu gehören u. a. eine gesundheitsförderliche Organisation, ein gesundheitsförderndes Arbeitsklima, Partizipation der MitarbeiterInnen sowie persönliches Wachstum. Dafür ist eine gesundheitsförderliche Führung, die eine gesundheitsförderliche Entwicklung des Unternehmens zulässt, Voraussetzung.

 Mit den Auswirkungen von Führung auf die Qualität der Arbeit und die Gesundheit und Sicherheit von MitarbeiterInnen beschäftigt sich beispielsweise das AUVA-Seminar „Gesundes Führen". Darin werden die Möglichkeiten und Verantwortlichkeiten von Vorgesetzten bei der Gestaltung von Arbeitsbedingungen aufgezeigt und gleichzeitig auf die jeweilige betriebliche Situation übertragen. Dazu Thomas Strobach, Arbeitspsychologe/AUVA, Abt. HUB: „Führungskräfte sind sich oft ihrer Verantwortung bezüglich des Themas Gesundheit und Sicherheit nicht bewusst. Darüber hinaus fehlen konkrete Vorstellungen über Möglichkeiten, Arbeitsbedingungen dahingehend zu gestalten. Die Erfahrung zeigt, dass es für Führungskräfte besonders

hilfreich ist, Gestaltungsempfehlungen ganz konkret auf ihre betriebliche Situation umzulegen, also von einer abstrakten Idee zur ‚Handlungsanweisung' zu kommen, mit der sie in ihre betriebliche Praxis zurückkehren."

Führungskräfte haben also Vorbildcharakter und die Art und Weise, wie wertschätzend und konstruktiv sie selbst mit Diversity und Gesundheit umgehen, hat auch direkte Auswirkungen auf die Motivation, Lösungskompetenz, Produktivität und Gesundheit der MitarbeiterInnen. Diese Prozesse zu unterstützen bzw. zu initiieren fällt Führungskräften leichter, wenn sie ein möglichst großes Repertoire haben, um auf die unterschiedlichen Bedürfnisse und Verhaltensweisen der MitarbeiterInnen eingehen zu können. Ein Diversity Management, integriert in eine ganzheitliche Sicherheits- und Gesundheitsarbeit, stellt den Führungskräften entsprechende Werkzeuge zur Verfügung.

Dimension „sexuelle Orientierungen"

Wo beginnt die Intimsphäre?

Noch vor 40 Jahren galt eine sexuelle Beziehung zu einem Menschen gleichen Geschlechts als „Unzucht wider die Natur". Der Strafrahmen betrug bis zu fünf Jahre Haft. Doch seither hat sich (scheinbar?) so einiges geändert. Die Gesellschaft akzeptiert mittlerweile gleichgeschlechtliche Beziehungen und auch eheähnliche Verbindungen – die eingetragene Partnerschaft – sind möglich. Generell ist es aber nach wie vor so, dass die Gesellschaft davon ausgeht, dass „alle" Menschen heterosexuell sind – das ist die Norm.

Vielleicht fragen Sie sich an dieser Stelle, was dieses Thema im beruflichen Umfeld „verloren" hat, denn es ist ja eigentlich Privatsache, welchem Geschlecht man sich zugeneigt fühlt. Das ist auch so und viele Menschen machen aus ihrer sexuellen Orientierung auch kein großes Thema. Aber im Berufsleben ist diese Akzeptanz, die sich in der Gesellschaft schon größtenteils bemerkbar macht, nicht immer im gleichen Ausmaß vorhanden. Sich dazu zu bekennen, das eigene Geschlecht – oder gar beide Geschlechter – vorzuziehen, ist ein Risiko und die Angst vor Ausgrenzung oder gar Jobverlust ist groß.

Neben Alter, Geschlecht oder der ethnischen oder sozialen Herkunft trägt die Sexualität wesentlich zur Bildung der Identität eines Menschen bei. Daher sind die „sexuellen Orientierungen" der Menschen ein Thema im Diversity Management. DiM soll dazu beitragen, genau dem entgegenzuwirken, womit homosexuelle Menschen sehr oft konfrontiert sind: nämlich fehlender Akzeptanz und fehlender Wertschätzung und damit letztendlich einem Verleugnen der Identität einer Person. Dass dies Auswirkungen auf die psychische Gesundheit haben und krank machen kann, liegt auf der Hand.

Um das zu verhindern, geht es nicht darum, das Thema zum Gegenstand einer zwanghaften Diskussion im Unternehmen zu machen, sondern es geht um die Schaffung eines wertschätzenden Unternehmensklimas, das die Vielfalt der Menschen mit all ihren

Unterschieden als Vorteil erkennt. (Unterschiedliche Persönlichkeiten finden unterschiedliche, vielfältige und oft kreativere Lösungsmöglichkeiten.) Dadurch fühlen sich die Betroffenen – und das gilt für alle Dimensionen – in ihrer Persönlichkeit (wert-)geschätzt, akzeptiert, respektiert und letztendlich sicher. Und nur dann ist ein „Outing" (Offenlegung der sexuellen Orientierung) überhaupt eine Möglichkeit.

Zahlen und Fakten zur Dimension „sexuelle Orientierungen"

Sprechen wir von „sexuellen Orientierungen", ist nicht nur Homosexualität, sondern natürlich auch Heterosexualität gemeint. Und beides ist nicht auf Sex zu reduzieren. Es geht in jedem Fall um Liebe, Zuneigung, Romantik, Eifersucht, Trennung, aber natürlich auch um Sexualität. Oftmals wird aber Homosexualität nur auf Sex reduziert, daher muss klar sein, dass es natürlich in gleichgeschlechtlichen Beziehungen um die gleichen Emotionen und Gefühle geht wie in jeder anderen menschlichen Beziehung.

Schwul? Lesbisch? Bi? Hetero?

Klar ist auch, dass menschliches Begehren vielschichtig ist und dass jede Person eine eigene Vorstellung von Liebe und Sexualität hat. Diese Sichtweisen hängen immer vom jeweiligen kulturellen Hintergrund und auch von der Erziehung ab.

Es gibt eine Reihe von wissenschaftlichen Untersuchungen, die versuchen, die Ursachen für die sexuelle Orientierung eines Menschen zu ergründen. Zumeist wird dabei die Frage gestellt, worauf denn Homosexualität zurückzuführen sei.

Vereinfacht und reduziert sagen die meisten Thesen, dass sexuelle Orientierung genetisch, also angeboren ist oder sich während des Identifikationsprozesses in der Kindheit bzw. in der Pubertät, durch Umwelt, Kultur und andere Faktoren beeinflusst, manifestiert. Bereits Sigmund Freud meinte, dass wir alle bisexuell auf die Welt kämen und sich erst im Lauf der Zeit unsere sexuellen Präferenzen bildeten.

Aber wovon sprechen wir hier? Was sind die „Spielformen" der Sexualität? Im Wesentlichen umfasst der Begriff Sexualität die unterschiedlichsten Arten von menschlichem sexuellen Verhalten, Träumen, Phantasien etc. und natürlich sexuelle Orientierungen. Die drei häufigsten sexuellen Orientierungen sind Heterosexualität, Bisexualität und Homosexualität.

In der Wissenschaft hat sich die Erkenntnis durchgesetzt, dass es zwischen den Orientierungen keine starren, sondern eher fließende Grenzen gibt.

Heterosexualität: Als Heterosexualität wird die Sexualität mit Menschen des anderen Geschlechts bezeichnet. Sie wird als „gesellschaftliches" Normverhalten angesehen.

Homosexualität: Der Begriff Homosexualität umfasst die Sexualität mit Menschen des gleichen Geschlechts. „Homosexuell" steht sowohl für gleichgeschlechtlich orientiere Männer als auch Frauen. Männer werden dabei als „schwul", Frauen als „lesbisch" bezeichnet. Beide Bezeichnungen sind generell akzeptiert und können in der täglichen Sprache, ebenso wie homosexuell, verwendet werden.

Bisexualität: Menschen, die sich zu beiden Geschlechtern hingezogen fühlen, bezeichnet man als bisexuell. Verwendet wird oft nur die Kurzbezeichnung „bi".

Weitere sexuelle Identitäten sind transsexuelle, intersexuelle Menschen und Transgender. Wobei Transsexualität bzw. Transgender in der Kerndimension Gender anzuführen sind (siehe Kapitel „Dimension Geschlecht"). Transsexuell zu sein, gibt noch keine Information darüber, welche sexuelle Orientierung vorliegt.

 Häufig wird das Kürzel „LGBTI" verwendet. Dieses setzt sich aus den Anfangsbuchstaben der englischen Begriffe für „lesbian" (lesbisch), „gay" (schwul), „bi", „transgender" und „intersex" zusammen. Damit wird die Gruppe (Community) von Menschen bezeichnet, auf die ein oder mehrere dieser Begriffe zutreffen.

Alle nicht heterosexuellen Lebensweisen werden immer häufiger als „queere Lebensweisen" bezeichnet. Wobei der Begriff „queer" nicht unumstritten ist, da er im Englischen Dinge, Handlungen oder Personen bezeichnet, die von der Norm abweichen, und oft herabwürdigend verwendet wird.

Wie bereits erwähnt, sind in all diesen Lebensformen auch die vielfältigen sozialen Bindungen (und Verpflichtungen) mitzudenken. Eine Reduzierung auf das rein Körperliche greift jedenfalls zu kurz.

Transgender: Menschen, die sich mit ihren biologischen Geschlechtsmerkmalen oder/und der ihnen zugewiesenen Geschlechterrolle nicht oder nur teilweise identifizieren können.
Transsexuell: Menschen, die sich nicht ihrem biologisch angeborenen Geschlecht zugehörig fühlen und im Laufe ihres Lebens ihre Geschlechtsidentität wechseln.
Intersexuell: Menschen, die aufgrund ihrer Geschlechtsmerkmale nicht eindeutig dem männlichen oder weiblichen Geschlecht zugeordnet werden können. (Quelle: bit.ly/1gvbfur)

Situation in Österreich

Für die meisten Diversity-Kerndimensionen liegt recht genaues und umfangreiches Zahlenmaterial vor, da diese relativ einfach statistisch zu erheben sind. Auch bei der Dimension Religion ist dies im Wesentlichen so. Ganz anders sieht es aus, wenn man Zahlen zu den sexuellen Orientierungen in Österreich anführen möchte. Hier gibt es kein offizielles Zahlenmaterial. Das ist einfach nachvollziehbar: Im Arbeitsleben darf nicht nach der sexuellen Orientierung gefragt werden und auch bei statistischen Erhebungen antworten die wenigsten auf eine solche Frage wahrheitsgemäß.

Möchte man mit einem britischen oder US-amerikanischen Unternehmen Geschäfte machen, ist es sehr oft üblich, dass man seine eigenen Aktivitäten in Bezug auf Antidiskriminierung nachweisen muss. Angloamerikanische Firmen wollen

auch häufig sehen, wie sich die Belegschaft des Unternehmens
zusammensetzt, denn dort ist deren Erhebung oft schon üblich.
Linklaters, eine der größten amerikanischen Rechtskanzleien,
gibt z. B. an, dass von den MitarbeiterInnen in ihren verschiede-
nen Abteilungen zwischen ein und vier Prozent schwul sind, ein
Prozent lesbisch, 86 bis 88 Prozent heterosexuell und dass null
Prozent „andere" MitarbeiterInnen tätig sind.
(Quelle: bit.ly/1dcZeV6*)*

Verschiedene wissenschaftliche Studien gehen von Prozentsätzen
zwischen 5 und 15 Prozent an Homosexuellen in der Bevölkerung
aus. Im Allgemeinen werden 10 Prozent angenommen. Somit würden in Wien rund 200.000 Homosexuelle leben, in ganz Österreich
dann mehr als 800.000. Aber nur ein relativ geringer Teil davon lebt
offen lesbisch oder schwul. Einfach weil sie Unverständnis, Nachteile und Diskriminierungen befürchten. (Quelle: bit.ly/ITsCpG)

Das „öffentliche" Bekenntnis zur eigenen Homosexualität nennt
man „Outing" oder „Coming-out". Aus den bisher angeführten
Gründen (und wir kommen später noch einmal darauf zurück)
kommt für viele Homosexuelle aber ein Outing nicht in Frage. Nur
ein kleiner Teil der angenommenen 10 Prozent hat sich daher dafür
entschieden, sich zur eigenen sexuellen Orientierung zu bekennen.
Ganz öffentlich schwul oder lesbisch zu leben, gilt für einen noch
geringeren Teil.

Homophobie bezeichnet eine soziale, gegen Lesben und Schwule
gerichtete Aversion bzw. Feindseligkeit. Homophobie wird in den
Sozialwissenschaften zusammen mit Phänomenen wie Rassis-
mus, Xenophobie oder Sexismus unter den Begriff „gruppenbe-
zogene Menschenfeindlichkeit" gefasst und ist demnach nicht
krankhaft abnorm. (Quelle: bit.ly/IJezDR*)*

Gesetz und wichtige Entwicklungen

Nachdem in Österreich die Todesstrafe für gleichgeschlechtliche
Handlungen 1787 durch Joseph II. abgeschafft wurde, dauerte es bis

1971, bis auch der 1852 formulierte Paragraph im Strafgesetzbuch „Unzucht wider die Natur mit Personen desselben Geschlechts" (§ 129 StGB) abgeschafft und damit Straffreiheit erreicht wurde.

Besonders dramatisch war die Situation homosexueller Männer und Frauen während des nationalsozialistischen Regimes. In diesen Jahren wurden Homosexuelle aus „rassehygienischen Gründen" systematisch verfolgt und ermordet.

Am 17. Mai 1990 entschloss sich – nach jahrelangen gesellschaftlichen und fachlichen Diskussionen – die WHO (Weltgesundheitsorganisation) dazu, Homosexualität aus dem Krankheitskatalog zu streichen.

Der nächste wichtige Schritt folgte 2002, als § 209 StGB („Gleichgeschlechtliche Unzucht mit Personen unter achtzehn Jahren") durch den Verfassungsgerichtshof aufgehoben wurde.

Seit 1. Jänner 2010 ist auch die „eingetragene Partnerschaft" in Österreich möglich, die mit einigen Ausnahmen im Wesentlichen der Eheschließung von heterosexuellen Paaren entspricht.

Dennoch ist dies nur ein weiterer Schritt in die richtige Richtung. Eine rechtliche Gleichstellung von homosexuellen und heterosexuellen Menschen ist damit noch nicht erreicht. Auch die gesellschaftliche und soziale Gleichstellung vor allem im Arbeitsleben ist noch nicht zur Gänze umgesetzt.

 Als Gay Pride oder Christopher Street Day (CSD) werden die in vielen Städten stattfindenden, jährlichen Umzüge zur Forderung gleicher Rechte für Homosexuelle bezeichnet. Obwohl bunt, schillernd und laut, erinnern diese an die gewaltsam niedergeschlagenen Demonstrationen Homosexueller gegen die Polizeiwillkür in der New Yorker Christopher Street. Begonnen hatten die Unruhen, als am 28. Juni 1969 BesucherInnen der Bar „Stonewall Inn" gegen diskriminierende Polizeimethoden auf die Straße gingen.

Was bedeutet das für die Wirtschaft?

Geht man wie oben angeführt davon aus, dass 10 Prozent der Bevölkerung sich als homosexuell definieren, bedeutet dies für die Unternehmen, hier eine bedeutende Bevölkerungsgruppe als KundInnen betrachten zu müssen. Zudem gehen Schätzungen davon aus, dass die Gruppe der homosexuellen Menschen über eine überdurchschnittliche Kaufkraft verfügt. Gründe, die Unternehmen zum Nachdenken anregen sollten, wie sich das Vertrauen dieser „Community" gewinnen lässt. Dies gelingt vor allem dadurch, dass das jeweilige Unternehmen als diskriminierungsfrei und wertschätzend gilt.

Dies ist nämlich auch in einer anderen Hinsicht von großer Bedeutung: Die Loyalität und das Weiterempfehlungsverhalten innerhalb der gleichgeschlechtlichen Community sind deutlich ausgeprägter als in der übrigen Bevölkerung. Generell lässt sich sagen, dass in sehr oft Diskriminierungen ausgesetzten Gruppen der Zusammenhalt sehr stark ist. Das hat zur Folge, dass man sich gegenseitig unterstützt und Unternehmen empfiehlt. Nicht nur beim Kauf von Waren oder Dienstleistungen, sondern vor allem auch bei der Empfehlung von möglichen ArbeitgeberInnen.

Für Unternehmen zahlt es sich also auch wirtschaftlich aus, entsprechende Rahmenbedingungen zu schaffen und z. B. Antidiskriminierungsrichtlinien einzuführen. Es hat sich gezeigt, dass bereits die Einführung solcher Regelungen zu weniger Diskriminierung führt. Ein Diversity Management kann diese dann auch richtig „zum Leben erwecken". Und dass eine personelle Vielfalt zu mehr Innovation führen kann, weil diese Vielfalt unterschiedlichere und oft kreativere Lösungen finden kann, haben wir bereits erwähnt.

 Bei entsprechenden Umzügen oder an LGBTI-Einrichtungen ist oftmals eine Regenbogenfahne zu sehen. Diese ist ein Symbol für die LGBTI-Bewegung und steht für schwul-lesbischen Stolz und die Vielfalt gleichgeschlechtlicher Lebensweisen. Die sechs Farbstreifen der Regenbogenflagge symbolisieren – von oben nach unten – Leben (rot), Gesundheit (orange), Sonnenlicht (gelb), Natur (grün), Harmonie (blau) und Geist (violett).

Herausforderungen der Dimension „sexuelle Orientierungen"

Die Öffnung seitens der Politik und die zunehmende Liberalisierung der Gesellschaft haben dazu geführt, dass die oft ablehnende einer wesentlich neutraleren Haltung gegenüber Menschen mit unterschiedlichen sexuellen Orientierungen gewichen ist. Das bedeutet aber nicht, dass homosexuelle Menschen im Alltag und im Berufsleben nicht mehr diskriminiert werden. Dafür gibt es einige Gründe, auf die wir hier ein wenig näher eingehen möchten.

Sprache schafft Wirklichkeit

Diesen Satz vom österreichischen Philosophen Ludwig Wittgenstein haben wir so bzw. ähnlich bereits in den Dimensionen „Menschen mit Behinderung" und „Geschlecht (Gender)" angeführt. Auch für die Dimension „sexuelle Orientierungen" gilt, dass die Sprache ein mächtiges Instrument ist, welches uns – oft auch unbewusst – beeinflusst. Vorurteile, Klischees und Diskriminierungen beginnen daher sehr oft bei der Sprache – und sind leider oft schon bei Kindern, die das von der „Erwachsenenwelt" übernommen haben, zu beobachten.

Es beginnt damit, dass wir mit „Typisch Mann!" und „Typisch Frau!" ein gewisses Verhalten voraussetzen und dieses auch erwarten. Daher ist es dann üblich, ein „unmännliches Verhalten und Aussehen" (Tränen, Empathie, Sensibilität, rosa Hemden etc.) als „schwul" zu bezeichnen. Frauen, die unseren Klischees nicht entsprechen (also nicht weinen, scheinbar nicht empathisch oder sensibel sind und Hemden tragen), werden als „harte" Frauen hingestellt und als Lesben bezeichnet.

Die Bilder im Kopf

Ähnliches kann auch Frauen und Männern widerfahren, die den klassischen, traditionellen Berufsbildern nicht entsprechen. Der „Herr Krankenschwester" ist jedenfalls schwul und die „Frau Polizist" oder „Frau Soldat" ist mit ziemlicher Sicherheit eine „Kampflesbe".

Auch andere Klischees werden überstrapaziert. Der „typische" Schwule sieht unglaublich gut aus, ist ein fantastischer Zuhörer, hat ein „feminines" Auftreten, ist an Mode interessiert und liebt Opern. Die motorradfahrende Lesbe trägt kurzes Haar und karierte Flanell- hemden, außerdem sieht sie recht männlich aus. Sehen so 10 Pro- zent der Bevölkerung aus?

Mit ziemlicher Sicherheit kennen Sie selbst weitere solche „Zu- ordnungen", die im Wesentlichen nichts anderes als sprachliche Diskriminierungen und Vorurteile sind. Es ist wichtig, sich von überholten Rollenbildern in Sprache und Handlungen zu lösen. Und – oft ein wenig Mut vorausgesetzt – andere darauf aufmerksam zu machen.

Wenn Homosexualität zum „No go" wird

Im Arbeitsleben gibt es Branchen, die es Menschen beinahe un- möglich machen, zur ihrer Homosexualität zu stehen. Im besten Fall stoßen Homosexuelle „nur" an eine gläserne Decke, die ein Weiterkommen unmöglich macht. Oft aber kommt es zur Ausgren- zung, zu Mobbing, zum „sozialen Tod".

Zu beobachten ist dies vor allem in stark hierarchischen, män- nerdominierten oder konservativen Branchen, wie beispielsweise der Exekutive oder dem Sport. Hier muss noch viel in Bewusst- seinsbildung investiert werden.

Verbergen und verleugnen

Fakt ist: Wir leben in einer heterosexuell geprägten Gesellschaft (man spricht hier auch von heteronormativ). Dies ist die „normale", die Norm-Lebensform, die vorausgesetzt wird, niemand spricht da- rüber. Für die meisten von uns ist es daher völlig klar, die sexuelle Orientierung weder im Privatleben noch am Arbeitsplatz verstecken zu müssen. So ist es möglich, sich völlig frei mit seinen Arbeitskol- legInnen über das Wochenende, seinen Urlaub, seine Freizeitbe- schäftigungen zu unterhalten. Auch die Urlaubs- und Familienbil- der werden gerne herumgereicht. Es ist also selbstverständlich, den privaten Bereich in den Arbeitsalltag zu integrieren. Das ist für die zwischenmenschliche Beziehungsebene von großer Bedeutung. Es stärkt und verbessert im Berufsleben den menschlichen und den Teamzusammenhalt sowie das Arbeitsklima und hilft, ein Netzwerk aufzubauen, das der Karriere förderlich sein kann.

Für MitarbeiterInnen mit einer anderen sexuellen Orientierung ist das alles nicht selbstverständlich. Denn es wird davon ausgegangen, dass sie heterosexuell sind. Sie können oder dürfen daher diese privaten Bereiche aus Angst vor Diskriminierung und Ausgrenzung nicht einbringen. Damit hat es den Anschein, als ob sie keine sozialen Bindungen (und Verpflichtungen) hätten und somit ist es ihnen nicht möglich, sich als „ganze" Person in das Arbeitsumfeld einzubringen. Es ist dann auch schwer, ein Zugehörigkeitsgefühl aufzubauen.

Diese MitarbeiterInnen werden dann auch immer wieder mit Situationen konfrontiert, in denen sie letztendlich entscheiden müssen, ob sie ihre sexuelle Orientierung offenbaren oder nicht.

Sie werden gezwungen zu konstruieren, zu verbergen und zu verleugnen. Und müssen stets vorsichtig sein, um sich nicht zu „verraten". Sie müssen enorme Energie aufbringen, damit die Arbeitsleistung nicht unter dieser Situation leidet. Energie, die dann aber für Kreativität und Weiterentwicklung fehlen kann.

 Schätzungen zufolge haben sich am Arbeitsplatz bislang nur rund 25 Prozent aller schwulen Männer und lesbischen Frauen geoutet. (Quelle: bit.ly/IQ0CDq*)*

Das Verheimlichen der eigenen sexuellen Orientierung, das ja als Eigenschutz gedacht ist, bleibt aber auch anderswo nicht ohne Konsequenzen. Es stellt eine enorme psychische Belastung dar, die Erkrankungen wie Burnout, Depressionen etc. stark begünstigen und die mit körperlichen Erkrankungen einhergehen kann.

Für ein Outing braucht es daher – neben Selbstbewusstsein – gewisse Rahmenbedingungen im Unternehmen, die Schutz und Offenheit signalisieren. Diese Voraussetzungen muss die Organisation schaffen.

MigrantInnen und Homosexualität: Wie in vielen Diversity-Dimensionen macht das Zusammentreffen von mehreren Dimensionen die Herausforderungen noch größer. Die Toleranz für Homosexuelle ist in den westlichen Ländern Europas im Wesentlichen vorhanden, bei MigrantInnen aus fundamentalistischen Ländern (aber z. B. auch dem Balkan) ist diese nicht sehr ausgeprägt. Haben diese selbst homosexuelle Gefühle, erleben sie das Gastland als befreiend. Es kann jedoch auch sein, dass sie sich weder in der entsprechenden Community noch in der neuen Kultur zurechtfinden. Das Zusammentreffen von Homosexualität, Lebensformen, Religion und Kultur stellt also eine weitere Herausforderung dar.

Grundlegende Kennzahlen für die Dimension „sexuelle Orientierungen"

Auch in dieser Dimension gibt es einige Kennzahlen, deren Erhebung lohnend ist. Folgende Zahlen sollten berücksichtigt werden:

- Die Anzahl der MitarbeiterInnen mit gleichgeschlechtlicher Orientierung im Unternehmen wird sehr oft nur auf Schätzungen beruhen können. Der allgemein gültige Richtsatz von 5 bis 10 Prozent könnte auch hier zur Anwendung kommen.
- Anzahl der MitarbeiterInnen, die sich geoutet haben
- Anzahl der eingetragenen Partnerschaften
- Ausgaben für Antidiskriminierungsschulungen
- Ausgaben für Workshops zum Umgang mit Homosexualität

In diesem Zusammenhang sollten u. a. auch noch folgende Fragen beantwortet werden:
- Wie stelle ich sicher, dass es zu keinen Diskriminierungen kommt?
- Wie stelle ich sicher, dass es im Unternehmen, im Kontakt mit den KundInnen etc. zu keinen Diskriminierungen kommt?
- Gibt es eine Person/Ansprechstelle für MitarbeiterInnen (aber auch KundInnen), die sich, aus welchen Gründen auch immer, diskriminiert fühlen?
- Gibt es Netzwerke für Homosexuelle im Unternehmen?

Sexuelle Orientierungen: Gesundheit und Prävention

Das aufgezwungene Verheimlichen der eigenen sexuellen Orientierung in all den angeführten Formen stellt letztendlich immer eine Entwertung der eigenen Person dar. Auf Dauer kann dies nicht ohne Folgen bleiben. Es stellt sich also vor allem die Frage, wie sexuelle Orientierung und psychische Gesundheit im Berufsleben zusammenhängen.

Mehr Depressionen, mehr Suizide

Homo- und bisexuelle Menschen haben im Vergleich zu heterosexuellen Menschen ein signifikant höheres Risiko für Depression und Suizidalität, wie aus internationalen Studien hervorgeht. (Quelle: bit.ly/1k12s3a)

Das liegt auch daran, dass homosexuelle Menschen im Laufe ihres Lebens, in ihrer Entwicklung, sehr oft auf Ablehnung treffen und mit Diskriminierung konfrontiert sind. Diese Ablehnung wird oftmals verinnerlicht und bleibt somit immer präsent, was eine hohe emotionale Belastung darstellt. Angststörungen und Suchtverhalten sind oft weitere Auswirkungen davon.

Es gibt aber auch Hinweise, dass Angst vor Diskriminierung stärker in Zusammenhang mit psychischen Problemen steht als tatsächlich erlebte Diskriminierung. (Quelle: bit.ly/1k12s3a)

Wollen Unternehmen ihre homosexuellen MitarbeiterInnen also gesund erhalten, ist es unter diesen Gesichtspunkten notwendig, die richtigen Rahmenbedingungen zu schaffen. Um ein „Krankmachen" zu verhindern, spielen Offenheit, Toleranz und Wertschätzung eine große Rolle. Und auch hier gilt: Mit dieser Haltung schaffen Sie für *alle* MitarbeiterInnen ein optimales Arbeitsumfeld.

 An einer Onlinebefragung haben im Herbst 2006 über 2.200 Lesben und Schwule teilgenommen und Auskunft über ihr Arbeitsleben gegeben. Die Studie „Out im Office" hat die Ergebnisse zusammengefasst. Zu finden ist sie unter bit.ly/1edlm70.

Nichts Spektakuläres?!

Ein Beispiel, wie ein wertschätzendes Umfeld geschaffen werden kann, zeigt *TNT Express Österreich*. Erich Neuwirth, HR-Manager und Pressesprecher von TNT Express Österreich, bringt es auf den Punkt: *„Bezüglich der Kerndimension ‚sexuelle Orientierung‘ gibt es bei uns nichts ‚Spektakuläres‘, sondern einfache, kleine Akzente, die den MitarbeiterInnen unabhängig von ihrem Lebensmodell zeigen, dass sie in jeder Hinsicht gleichberechtigt sind.“*

Als Beispiele nennt der Personalverantwortliche einige Sozialleistungen des Unternehmens wie Heiratsprämie auch für eingetragene Partnerschaften, Tankkarte für PartnerInnen, Ansprüche aus Dienstverhältnissen (wie z. B. PartnerInnen als Begünstigte der Ablebensversicherung) oder den Pflegeurlaub auch für gleichgeschlechtliche PartnerInnen.

Die größte Bestätigung für seine Bemühungen sieht das Unternehmen, wenn MitarbeiterInnen ihre gleichgeschlechtlichen PartnerInnen zu Firmenveranstaltungen mitnehmen. *„Für uns ist das ein Zeichen, dass wir ein Klima geschaffen haben, bei dem Menschen ihr Lebenskonzept auch den Vorgesetzten und KollegInnen sichtbar machen können“*, resümiert Erich Neuwirth. 2011 hat TNT auch den „meritus“ gewonnen (siehe S. 142).

Weiters bietet das Unternehmen seinen MitarbeiterInnen die Möglichkeit, über das firmeneigene Intranetportal das „Netzwerk für Schwule, Lesben, Bisexuelle und Transgender“ unter dem Namen „TNT pride“ zu nutzen. Auch in der Öffentlichkeit zeigt TNT Express Flagge und nimmt seit vielen Jahren am Bootskorso der „Gay Pride Amsterdam“ mit einem eigenen Boot mit deutlich sichtbarem TNT-Logo teil.

Weitere Infos unter www.tnt.co.at.

 Meritus: „meritus – lesbisch schwul ausgezeichnet“ ist die erste österreichische Auszeichnung für Organisationen, die sich vorbildlich in der Diversity-Dimension „sexuelle Orientierungen“ engagieren. Weitere Infos unter www.meritus.or.at.

An diesem Beispiel ist gut ablesbar, dass es nicht darum geht, eine Organisation umzukrempeln, sondern die gesetzten Akzente unterstützen die angepeilte Offenheit des Unternehmens.

Glückwünsche oder Prämien nicht nur zu Hochzeiten, sondern auch zu eingetragenen Partnerschaften inkl. Sonderurlaub, wenn dies im Unternehmen üblich ist. Wenn Sie zu Firmenfeiern einladen, verwenden Sie in der Einladung „mit Begleitung" oder „mit PartnerIn" und verzichten Sie auf Begriffe wie „Gatte" oder „Gemahlin".

Weisen Sie auch in Stelleninseraten darauf hin, dass die Kompetenzen unabhängig von Religion, Geschlecht, Alter etc. und sexuellen Orientierungen zählen – wenn dem auch so ist. Auch das zeigt, dass das Unternehmen gegenüber allen Dimensionen offen ist.

 Die Mitglieder der beiden Vereine Queer Business Women (QBW) und austrian gay professionals (agpro) sind selbst UnternehmerInnen und/oder ArbeitnehmerInnen. Beide Vereine unterstützen Betroffene mit Informationen und Erfahrungswissen. Weitere Infos unter www.queer-business-women.at *und* www.agpro.at.

Auch die Wiener Antidiskriminierungsstelle für gleichgeschlechtliche und transgender Lebensweisen unterstützt Betroffene. Infos unter bit.ly/19AYvOI.

Queerer Kleinprojektetopf

Ebenso unterstützt die **Stadt Wien** Projekte und Initiativen, die Diskriminierungen von Lesben, Schwulen und Transgenderpersonen aufzeigen, diskriminierte Menschen unterstützen, gesellschaftliche Teilhabe homosexueller Menschen und Transgenderpersonen fördern oder gesellschaftliche Bewusstseinsbildung positiv beeinflussen.

Weitere Infos unter bit.ly/1bFAupc.

Tolerantes Arbeitsklima

IBM nahm bereits 1984 „sexuelle Orientierung" in ihr „Equal Opportunity Statement" auf und hat 1989 zudem eine Antidiskriminierungspolicy eingeführt. Dem Unternehmen ist es wichtig, als ein tolerantes, diskriminierungsfreies Unternehmen für alle Bevölkerungsgruppen offen zu sein, natürlich auch für Menschen aus der LGBTI-Community, und diese aktiv als Arbeitgeber anzusprechen. Bei IBM Österreich wird Diversity als Erfolgsfaktor und als wichtige Voraussetzung für Innovation gesehen.

So wurde auch das aktive Netzwerk „EAGLE – Employee Alliance for Gay, Lesbian, Bisexual and Transgender Empowerment" eingerichtet. Ziel dieses und zahlreicher anderer interner Netzwerke ist es, eine Plattform für den Erfahrungsaustausch im Unternehmen zu schaffen, die Interessengruppen zu stärken und ihre Anliegen auch in der Öffentlichkeit zu adressieren. Zu diesem Zweck hat IBM Österreich Mitte 2013 das 1. LGBT Business Forum ausgerichtet.

Zudem ist IBM Österreich Partnerin der „Austrian gay professionals (agpro)" und unterstützt den von agpro vergebenen Förderpreis. Partnerschaften gibt es auch mit den „Queer Business Women (QBW)" und dem Rechtskomitee Lambda, welches kostenlose Rechtsvertretung für homo- und bisexuelle Frauen und Männer anbietet und Herausgeber der Zeitschrift „Jus Amandi" ist, die sich an die LGBTI-Community richtet (Quelle: bit.ly/1hTrGkI).

Weitere Infos unter ibm.co/1bF1fGQ.

Zusammenfassung

Die geschätzten 10 Prozent der Gesamtbevölkerung, die zur LGBTI-Gruppe gezählt werden können, sind keine zu vernachlässigende Größe. Dennoch sind die sexuellen Orientierungen der Menschen im Arbeitsleben – wenn auch nicht mehr ein Tabuthema – noch immer eine Quelle von Ausgrenzung und Diskriminierung. Oftmals mit gesundheitlichen Folgen für die Betroffenen. Ein (Arbeits-)Leben geprägt von Identitätsverleugnung kann zu psychischen und körperlichen Problemen führen. Unternehmen sind aufgefordert, dies im Rahmen ihres Gesundheitsmanagements zu berücksichtigen und zu einem wertschätzenden Arbeitsumfeld beizutragen.

Vielfalt und das Gehirn

Schlüsselkompetenzen für eine Kultur der Vielfalt

Ein Gastbeitrag von Gerald Hüther

Wir Menschen verdanken unser heutiges Wissen und Können nicht nur dem Umstand, dass wir ein zeitlebens plastisches, lernfähiges Gehirn besitzen, sondern vor allem unserer Fähigkeit, individuell erworbenes Wissen und Können mit anderen Menschen teilen zu können, sowohl horizontal mit all jenen, mit denen wir zusammenleben, wie auch vertikal über Generationen hinweg. Hierbei handelt es sich – wie immer wieder auftretende Störungen dieser sozialen Lernprozesse belegen – nicht um eine hirntechnisch, also biologisch begründete Fähigkeit, sondern um eine kulturelle Leistung, die wir mehr oder weniger günstig zu entwickeln imstande sind.

Ungünstig auf die Entfaltung dieses Potenzials wirken sich all jene Welt- und Menschenbilder aus, die die Möglichkeit zur Entfaltung der Talente und Begabungen einzelner Menschen oder einzelner menschlicher Gemeinschaften auf Kosten anderer in Betracht ziehen oder gar zur Grundlage des Zusammenlebens von Menschen erklären.

Vor allem den in solche Gemeinschaften hineinwachsenden Kindern und Jugendlichen fällt es dann immer schwerer, sich die für das eigene Lernen, für die Aneignung des zu einem bestimmten Zeitpunkt vorhandenen Wissens und den Erwerb der bereits entwickelten Fähigkeiten und Fertigkeiten notwendigen Kompetenzen anzueignen: die Fähigkeit, mit möglichst vielen und möglichst unterschiedlichen Menschen eine konstruktive Beziehung einzugehen und das in diesen Personen vorhandene Wissen, deren Fähigkeiten und deren Erfahrungen zu übernehmen. Der Begriff „soziale Kompetenz" beschreibt diese Fähigkeit nur unzureichend, weil es in einer Gemeinschaft mit einer ungünstigen Beziehungskultur durchaus als Zeichen sozialer Kompetenz betrachtet werden kann, wenn es einer Person gelingt, sich selbst auf Kosten anderer aufzuwerten, sich zu stärken, sich Macht anzueignen und Einfluss zu gewinnen, also andere als Objekte zur Verfolgung eigener Ziele zu behandeln oder gar auszunutzen.

Alle weiteren Kompetenzen, auch wenn PädagogInnen sie als Schlüsselkompetenzen bezeichnen, werden von Kindern und Jugendlichen zwangsläufig und in ähnlicher Weise wie das Laufen und Sprechen erworben, wenn sie in eine Gemeinschaft hineinwachsen, in der sie sich nicht als Objekte von Erziehungs- und Unterrichtsmaßnahmen erleben, sondern in der eine Kultur des Voneinanderlernens, des Miteinandergestaltens und des gemeinsamen Erlebens herrscht.

Von diesem Zustand ist unsere gegenwärtig herrschende Beziehungskultur nicht nur in Schulen, auch in Hochschulen und in der Arbeitswelt, leider auch in vielen Familien leider noch sehr weit entfernt.

Was allerdings nicht bedeutet, dass es nicht möglich wäre, eine solche Lern- und Beziehungskultur zu entwickeln. Allerdings nicht durch die Einführung neuer Methoden, sondern durch eine andere Gesinnung, wie es Albert Schweitzer so schön altmodisch ausgedrückt hat. Gemeint ist damit eine für die Entfaltung der in jedem Menschen angelegten Talente und Begabungen und der in jeder menschlichen Gemeinschaft verborgenen, bisher noch nicht entdeckten Potenziale günstigere innere Einstellung aller Beteiligten, die den Geist einer jeden Bildungseinrichtung bestimmen sollten.

Wer anderen Menschen – vor allem den in unsere Gesellschaft hineinwachsenden Kindern – helfen will, die in ihnen angelegten Talente und Begabungen, also ihre Potenziale zu entfalten, darf sie also nicht zu Objekten machen. Das geschieht immer dann, wenn man sie bewertet, unterrichtet, erzieht, maßregelt, sie belohnt oder bestraft. Den meisten Menschen unseres Kulturkreises fällt es gegenwärtig noch recht schwer, andere Menschen nicht als Objekte zu behandeln. Am ehesten gelingt das, indem man selbst nicht die Rolle des Bewerters, der Erzieherin, des Lehrers oder der Vorgesetzten einnimmt, sondern sich eher als SchatzsucherIn versteht. So wird man in seinem Gegenüber nach all jenen verborgenen Talenten und Begabungen suchen, die bisher von ihm oder ihr noch nicht zur Entfaltung gebracht werden konnten.

Und dann kann man diesen anderen Menschen einladen, ermutigen und inspirieren, sich noch einmal an eine Aufgabe heranzuwagen, eine Herausforderung anzunehmen und eine neue Erfahrung zu machen, die ihn weiterbringt. Wer das auch mit solchen Menschen zu tun vermag, die ihm zunächst fremd und andersartig erscheinen, ist ein Diversity-Manager, der die Vielfalt menschlicher Potenziale zum Blühen bringt.

Hinweise zum Autor:

Gerald Hüther, Dr. rer. nat. Dr. med. habil. ist Professor für Neurobiologie an der Universität Göttingen. Wissenschaftlich befasst er sich mit dem Einfluss früher Erfahrungen auf die Hirnentwicklung, mit den Auswirkungen von Angst und Stress und der Bedeutung emotionaler Reaktionen. Er ist Autor zahlreicher wissenschaftlicher Publikationen und populärwissenschaftlicher Darstellungen. 2013 war Gerald Hüther Keynote-Speaker bei der Diversity-Konferenz der Charta der Vielfalt in Berlin.

Dimension Ethnie

Einfalt, wer stört?

Aret G. Aleksanyan, Schauspieler, Regisseur und Leiter des *Interkulttheaters Wien*: *„Es ist ein seltenes Privileg, in zwei Kulturen zu Hause zu sein. Ich werde zwar wie viele andere auch als Mitbürger mit Migrationshintergrund bezeichnet, aber wie der Name schon sagt, ist meine Migration im Hintergrund, und das ist auch gut so, denn in diesem Hintergrund liegt meine Geschichte verborgen. Im Vordergrund steht jedoch mein Hier und Jetzt, das ich mit Euch teile. Dieses Miteinander würde uns allen wahrscheinlich viel leichter und besser gelingen, wenn wir alle mit dem Herzen zu sehen und mit dem Bauch zu hören beginnen.“*

Österreichs Vielfalt hat Tradition

Österreich blickt auf eine lange Geschichte ethnischer Vielfalt (griech. ethnos: Volk) zurück. So war Österreich zur Zeit der Habsburgermonarchie ein Vielvölkerstaat, der innerhalb des Hoheitsgebietes zahlreiche Länder und somit verschiedene Ethnien vereinte, die sich in kulturellen Gepflogenheiten und nicht zuletzt in den vielen Spezialitäten der „österreichischen Küche" wiederfinden.

Seit dem Zerfall der österreichisch-ungarischen Monarchie 1918 leben (Burgenland-)KroatInnen, SlowakInnen, TschechInnen, UngarInnen, SlowenInnen und Roma/Romnia als nationale (ethnisch autochthone) Minderheiten in den grenznahen gemischtsprachigen Gebieten Österreichs. Deren Sprachen sind gesetzlich geschützt.

Nach dem Zweiten Weltkrieg kam es zu beispiellosen Flüchtlingsströmen aus dem Osten und Südosten Europas, die durch Österreich zogen. Viele von ihnen sind für immer geblieben. Nach dem ungarischen Volksaufstand 1956 kamen 200.000 Flüchtlinge nach Österreich, von denen laut UNHCR 18.000 dauerhaft sesshaft wurden.

In der wirtschaftlichen Aufbauphase ab 1960 wurde das Thema

Migration in der Gesellschaft wieder verstärkt diskutiert. Damals erfolgte ein erheblicher Zuzug von sogenannten „Gastarbeitern" aus dem ehemaligen Jugoslawien. Und mit dem Anwerbevertrag vom 15. Mai 1964 kamen tausende Türken und Türkinnen nach Österreich, um sich hier eine neue Existenz aufzubauen. Aufgrund der damaligen wirtschaftlichen Aufbauphase Österreichs standen dabei jedoch weniger die Angst um einheimische Arbeitsplätze oder gar die Gefahr einer „bedrohlichen Überfremdung" im Blickpunkt.

Als weiterer Meilenstein im Bereich Migration und Integration kann der EU-Beitritt Österreichs 1995 gesehen werden, der zu einem langsam ansteigenden Zuzug von BürgerInnen aus der Europäischen Union (EU) bzw. dem Europäischen Wirtschaftsraum (EWR) führte. Ein spontaner Anstieg in markanter Höhe durch die EU-Erweiterungen blieb jedoch auch nach dem Wegfall der Übergangsregelung für den Arbeitsmarkt aus. (Quelle: Statistik Austria)

Im Bereich der Arbeitnehmerfreizügigkeit und der Dienstleistungsfreiheit galten sogenannte Übergangsregelungen. Gegenüber den 2004 beigetretenen Ländern (Ungarn, Polen, Tschechien, Slowakei, Slowenien, Estland, Lettland und Litauen) endeten diese Übergangsregelungen am 30. April 2011, gegenüber Rumänien und Bulgarien, die seit 2007 EU-Mitglieder sind, liefen sie am 31.12.2013 ab.
(Quelle: WKO, bit.ly/1agPL0h*)*

Frischer Fahrtwind für die Vielfalt

Heute gibt es neue Faktoren, die für eine gesellschaftliche Vielfalt sorgen. So führen die zunehmende Globalisierung und weltweite Mobilität zu einer stärkeren Vermischung verschiedener Nationalitäten, Ethnien und Volksgruppen. Migration und Integration werden darüber hinaus auch als Schlüsselfaktoren für die wirtschaftliche, gesellschaftliche und soziale Entwicklung gesehen. Aufgrund des demografischen Wandels und des zunehmenden Mangels an jungen und qualifizierten Arbeitskräften gewinnt diese Thematik immer mehr an Bedeutung.

Die Wirtschaft hat Menschen mit Migrationshintergrund schon vor langer Zeit als kaufkräftige und vor allem loyale Zielgruppe entdeckt. Es gibt eigene Ethnomarketing-Agenturen, die sich ausschließlich mit der Vermarktung von Produkten für Menschen mit Migrationshintergrund beschäftigen. Spezielle Produkte und Dienstleistungen wurden eigens für diese Bevölkerungsgruppen entwickelt. So gibt es beispielsweise das sogenannte „Ethnobanking" mit Finanzprodukten, die auf die Bedürfnisse von MigrantInnen zugeschnitten sind (Stichwort „Hochzeitskredit für türkische Großhochzeiten"), migrantische VerkäuferInnen in Autohäusern, türkische Bäckereien oder koschere Supermärkte, um nur einige Beispiele zu nennen. (Quelle: Vielfalt bringt's, Facultas Verlag)

Von einer unterschiedlichen Vergangenheit zu einer gemeinsamen Zukunft

Dem österreichischen Arbeitsmarkt ist aufgrund seiner Entwicklungen und Zukunftsprognosen schon lange klar, dass ein beständiges Wirtschaftswachstum und der Erhalt des Sozialstaates nur mit migrantischen Arbeitskräften möglich sind. Ebenso, dass nur mit einer proaktiven Migrationspolitik das Potenzial für Wirtschaft und Gesellschaft genutzt werden kann.

Zahlen unterstreichen diese Ausrichtung: In Österreich würde es laut OECD bis zum Jahr 2025 ohne Zuwanderung um ein Viertel weniger Menschen zwischen 20 und 24 Jahren geben: Und bis zum Jahr 2050 würden die Bevölkerungszahlen ohne Zuwanderung auf 7,3 Millionen EinwohnerInnen zurückgehen. (Quelle: bit.ly/KRVDnd) Mehr Informationen darüber finden Sie in unserem Kapitel „Dimension Alter". Sozialminister Rudolf Hundstorfer bekräftigt dieses Bild mit der Aussage, dass MigrantInnen – ob aus EU-Mitgliedstaaten oder Drittstaaten – wesentlich zur Aufrechterhaltung ganzer Wirtschaftszweige und somit zu unserem Wohlstand beitragen. Arbeitsmigration nach Österreich ist daher aus dem wirtschaftlichen, sozialen und kulturellen Leben Österreichs nicht mehr wegzudenken. (Quelle: BMASK, bit.ly/1ak1tXV)

Ethnische Vielfalt – Lernraum Unternehmen

Unternehmen können sich im Rahmen ihrer Möglichkeiten als „transkulturelle Lernräume" für Diversity zur Verfügung stellen. Vor allem international tätige Firmen bieten MitarbeiterInnen aus verschiedenen Ländern und Kulturen die Möglichkeit, gemeinsam unternehmerische Ziele zu verfolgen und Herausforderungen zu meistern. Unternehmen, die Chancengleichheit und Diversity umsetzen, können neben dieser Diversity-Erfahrung auch mit handfesten Wettbewerbsvorteilen rechnen, wie:

- Kostenvorteile aufgrund geringerer Fluktuationsraten und Fehlzeiten sowie höherer Leistungsfähigkeit und Arbeitsproduktivität der Belegschaft
- Positives Image bei KundInnen und auf dem Arbeitsmarkt
- Flexibles Reagieren auf die unterschiedlichen KundInnenbedürfnisse und -wünsche
- Kulturelle Vielfalt steigert die Innovationskraft
- Tragfähigere Lösungen und eine verbesserte Entscheidungsfindung durch vielfältig gemischte Teams
- Flexibles Reagieren auf Veränderungen in der Umwelt

 Eine durch die EU-Kommission in Auftrag gegebene Studie im Jahr 2003, in der 200 Unternehmen in vier EU-Mitgliedstaaten befragt wurden, zeigt, dass die Umsetzung von Diversity zu einem besseren Image der Unternehmen (69 Prozent) führt. Ferner ermöglicht es die Akquisition und Bindung hochqualifizierter MitarbeiterInnen (62 Prozent) sowie eine Erhöhung der Motivation und Leistungsfähigkeit der Belegschaft (60 Prozent). Es bestehen außerdem mehr Innovationsmöglichkeiten (57 Prozent) und auch die KundInnenzufriedenheit sowie die Dienstleistungsorientierung steigen (57 Prozent).

Für die Verankerung von Vielfalt in Österreichs Wirtschaft und Gesellschaft setzt sich unter anderem die **Charta der Vielfalt** ein. Sie wurde im Jahr 2010 von der Wirtschaftskammer Österreich und der Wirtschaftskammer Wien ins Leben gerufen. Sie soll ein klares Zeichen in Richtung Offenheit gegenüber ALLEN Personen und

Gruppen in Wirtschaft und Gesellschaft setzen und ein Forum der Information, der Präsentation und des Erfahrungsaustausches zum Thema Diversity sein. Link zur Charta der Vielfalt: bit.ly/KfqgCg.

Neben der Charta der Vielfalt in Österreich gibt es auch in mehreren europäischen Ländern Diversity-Charta-Initiativen. Sie haben sich zu einem Netzwerk zusammengeschlossen, das seit 2010 durch die EU koordiniert wird. Link zur EU Charter Platform: bit.ly/1cZt8xx.

Zahlen und Fakten zur Dimension Ethnie

Zugehörigkeit zu ethnischen Gruppen

Eine Ethnie (auch ethnische Gruppe oder Volksgruppe) ist eine Gruppe von Menschen, denen eine kollektive Identität zugesprochen wird. Zuschreibungskriterien können Abstammung, Geschichte, Kultur, Sprache, Religion, die Verbindung zu einem spezifischen Territorium sowie ein Gefühl der Solidarität sein.

Volksgruppen sind laut § 1 Abs. 2 Volksgruppengesetz *„in Teilen des Bundesgebietes wohnhafte und beheimatete Gruppen österreichischer Staatsbürger mit nichtdeutscher Muttersprache und eigenem Volkstum".* In Österreich genießen die slowenische, burgenlandkroatische, ungarische, tschechische und slowakische Volksgruppe sowie die Volksgruppe der Roma den Schutz des Volksgruppengesetzes. So haben beispielsweise die slowenische, die kroatische und teilweise die ungarische Minderheit in bestimmten Regionen Anspruch auf muttersprachlichen Unterricht und das Recht, ihre Sprache vor Ämtern zu gebrauchen.

Migrantinnen und Migranten

Laut den Vereinten Nationen (UN) wird internationale Migration als die Ländergrenzen überschreitende ständige Wohnsitzverlagerung von Personen definiert. Dabei ist zwischen Immigration (Ein- oder Zuwanderung) und Emigration (Auswanderung) zu unterscheiden.

Als Personen mit Migrationshintergrund werden beispielsweise von der Stadt Wien all jene Menschen bezeichnet, die entweder selbst im Ausland geboren wurden, ausländische StaatsbürgerInnen sind oder zumindest einen zugewanderten Elternteil haben. Eingebürgerte ZuwanderInnen und Kinder von aus dem Ausland Zugewanderten gehören damit auch zu den Personen mit Migrationshintergrund. (Quelle: Wiener Diversitätsmonitor 2009, bit. ly/1a7MYc5)

 Der sogenannten „ersten MigrantInnengeneration" werden jene Menschen zugerechnet, die als StaatsbürgerInnen eines anderen Landes nach Österreich gezogen sind. In Österreich geborene Nachkommen von Eltern mit ausländischer bzw. bereits österreichischer Staatsbürgerschaft zählen zur „zweiten MigrantInnengeneration". Fast die Hälfte der Personen mit Migrationshintergrund ist im Besitz der österreichischen Staatsbürgerschaft.

Die Chancen und gesellschaftlichen Positionierungen der zweiten MigrantInnengeneration werden oftmals als entscheidender Indikator für eine gelungene Integrationspolitik angesehen.

Gründe für Migration

Menschen, die ihren Lebensmittelpunkt dauerhaft verlegen, haben dafür unterschiedlichste Beweggründe. Der Wunsch nach Verbesserung ihrer Lebensqualität steht jedoch bei allen im Vordergrund.

- Arbeitsmigration. Zweck der Wohnsitzverlagerung, meist von ökonomisch weniger entwickelten in ökonomisch weiter entwickelte Länder, ist die Erwerbstätigkeit.
- Hochqualifikationsmigration. Dieser Begriff bezieht sich auf hochqualifizierte Arbeitskräfte oder „Schlüsselarbeitskräfte"; diese verfügen über ein hohes Bildungs- und Qualitätsniveau.
- Soziale Migration (Familienmigration). MigrantInnen holen ihre Familienangehörigen zum Zweck der Familienzusammenführung in das neue Wohnland nach.
- Bildungsmigration. Dieser Begriff bezeichnet Zuwanderung zu Bildungszwecken. BildungsmigrantInnen ziehen nur für die Dauer ihrer Ausbildung in ein anderes Land.

- **Transmigration.** Wirtschaftliche Verbesserung steht bei der Transmigration im Vordergrund; die Länder werden häufiger gewechselt. Merkmale sind: multinationale Familienstrukturen, grenzüberschreitende Kommunikation und Mehrsprachigkeit.
- **Fluchtmigration.** Diese MigrantInnengruppe verlagert den Wohnsitz aufgrund sozialer Umstände wie Krieg oder der politischen Lage im eigenen Land. Dabei steht die Verbesserung der sozialen Lage im Vordergrund.

Migration in Zahlen

Die jüngsten Angaben der Migrationsstatistiken in Österreich bestätigen: Die soziokulturelle Diversität in unserem Land ist so groß wie nie zuvor. So lebten im Jahr 2012 rund 1,579 Millionen Personen mit Migrationshintergrund in Österreich. Ihr Anteil an der Gesamtbevölkerung betrug somit 18,9 Prozent.

Davon wurden etwa 1,167 Millionen Personen selbst im Ausland geboren und sind MigrantInnen „erster Generation". Die verbleibenden knapp 412.200 Personen sind in Österreich geborene Nachkommen von Eltern mit ausländischem Geburtsort (zweite Generation). Differenziert man die in Österreich lebenden ausländischen Staatsangehörigen nach ihrer Nationalität, so waren im Jahr 2012 Deutsche die mit Abstand größte Gruppe. Auf den weiteren Rängen folgten StaatsbürgerInnen der Türkei, Serbiens, Bosnien-Herzegowinas, Kroatiens und Rumäniens. Außerhalb Europas und der Türkei stellten afghanische Staatsangehörige die größte Herkunftsgruppe dar, gefolgt von chinesischen StaatsbürgerInnen.

Im EU-Vergleich liegt Österreich beim Ausländeranteil im Spitzenfeld. Höhere Anteile sind nur in Luxemburg, Estland und Zypern zu finden. (Quelle: Statistik Austria)

Asylanten und Asylantinnen – ja, gerne?

Als AsylwerberInnen werden jene Menschen bezeichnet, die einen Antrag auf internationalen Schutz gemäß Asylgesetz gestellt haben und deren Antrag noch nicht rechtskräftig entschieden wurde. Die Anzahl der Asylanträge unterliegt je nach politischen oder ökonomischen Krisen in den Herkunftsländern starken Schwankungen: So wurden beispielsweise im Jahr 2011 14.400 und im Jahr 2012 17.400 Anträge auf Asyl gestellt. Im Vergleich zum Jahr 2011 stieg auch der Anteil der positiv entschiedenen Verfahren von 21 Prozent auf 23 Prozent an. (Quelle: Informationsbroschüre Migration & Integration, Statistik Austria 2013)

Für einen Kontrapunkt in der überwiegend negativen Berichterstattung über AsylwerberInnen sorgt Frau Pyrker von *Austria Bio Plastics*: *„Viele glauben, dass uns die Asylanten zur Last fallen, aber das stimmt bei uns gar nicht. Auch wir haben viel von ihnen! Aktuell haben wir drei syrische Asylwerber, die ein absolut wertvoller Beitrag sind. Das Asylverfahren dauert schon ein Jahr. Sie werden generell als Außenseiter abgestempelt. Die Frau ist eine ausgebildete Lehrerin und der Mann Jurist. Sie brauchen jemanden, der für sie spricht. Wir haben ihnen den Führerschein ermöglicht, Begleitbriefe geschrieben und bei der Sprache geholfen. Und es ist auch wichtig, sie in die Familien mit einzubeziehen.“*

Feminisierung der Migration

Sehr häufig wird angenommen, dass Migration ein männliches Phänomen sei. Das täuscht, denn ein Großteil der weltweit geschätzten 191 Millionen MigrantInnen sind mittlerweile Frauen. Zusätzlich sind weltweit ca. 13 Millionen Menschen, mehrheitlich Frauen und Kinder, auf der Flucht. Deshalb wird bereits von der Feminisierung der Migration gesprochen.

Auch in Österreich verschob sich in den letzten Jahren das Gewicht immer mehr in Richtung Frauenmigration. Ursachen dafür sind Familienzusammenführungen, aber auch die anwachsende eigenständige Migration von Frauen. So sind heute bereits 52 Prozent der Menschen mit Migrationshintergrund in Österreich Frauen. Zu Jahresbeginn 2012 lebten rund 773.100 Frauen ausländischer Herkunft in Österreich, das entsprach 17,9 Prozent der weiblichen Gesamtbevölkerung. 44 Prozent der Frauen ausländischer Herkunft stammten aus EU-/EWR-Staaten oder der Schweiz, 56 Prozent waren Drittstaatsangehörige. (Quelle: ÖIF, bit.ly/1hpPWs6)

Bildung mit Potenzial

Der Blick auf die Bildungsprofile von MigrantInnen und der Bevölkerung ohne Migrationshintergrund macht großes Entwicklungspotenzial sichtbar. Dynamisiert wird diese Potenzialentfaltung unter anderem durch Schritte und Maßnahmen, die in Österreichs Bildungssystem gesetzt werden.

In der Bildungslandschaft weisen MigrantInnen ein deutlich anderes Bildungsprofil auf als die Bevölkerung ohne Migrationshintergrund. So sind Zugewanderte in den höchsten und niedrigsten Bildungsschichten überproportional vertreten, während die inländische Bevölkerung überdurchschnittlich häufig die mittlere Bildungsebene der Lehr- und Fachschulausbildungen abgeschlossen hat. Wobei sich das Bildungsniveau der zweiten Generation der MigrantInnen bereits an das der inländischen Bevölkerung angleicht. In den vergangenen Jahren ist sowohl bei der österreichischen als auch bei der ausländischen Bevölkerung das Bildungsniveau deutlich angestiegen. Wobei bei der ausländischen Bevölkerung der Anstieg vor allem auf die Zuwanderung hochqualifizierter Arbeitskräfte aus anderen EU-Staaten zurückzuführen ist. (Quelle: bit.ly/1m6Niro)

Zahlreiche Institutionen, Vereine und Unternehmen wie beispielsweise die *Interface Wien GmbH* oder der *VWFI Verein für Wirtschaft und Integration* setzen sich für die Förderung von Diversity und damit auch der gesamtgesellschaftlichen Integration von Kindern, Jugendlichen und Erwachsenen mit Migrationshintergrund ein. So hat der VWFI das PatInnen-Programm „KONNEX" entwickelt, in dem talentierte Menschen mit Migrationsgeschichte in der Phase ihrer Berufs- und Ausbildungsorientierung von beruflich etablierten PatInnen aus dem Netzwerk des Vereins Wirtschaft für Integration begleitet und unterstützt werden.

Robert Lasshofer, Generaldirektor der *Wiener Städtischen Versicherung*, berichtet in diesem Zusammenhang von einem besonderen Projekt: *„In der Wiener Städtischen Versicherung wird soziale Verantwortung unternehmensseitig und von allen MitarbeiterInnen tagtäglich gelebt, ein Beispiel: der ‚Social Active Day', der seit 2011 MitarbeiterInnen, die sich ehrenamtlich engagieren möchten, einen Arbeitstag* zur Verfügung stellt. Bis heute haben sich hunderte MitarbeiterInnen für ihren ,Social Active Day' gemeldet und sich mit viel Elan und großer Freude sozialen Aktivitäten gewidmet – im Rahmen akuter Hilfsbedürftigkeit sowie bei der Betreuung von Kindern mit Migrationshintergrund oder besonderen Bedürfnissen, der Begleitung älterer Menschen oder Mithilfe in Sozialmärkten und vieles mehr."

Die *ÖBB*, deren Lehrlinge aus bis zu zwölf Kulturkreisen stammen, setzt ebenfalls auf Vielfalt. Die LehrlingsausbildnerInnen sind unter anderem in Gender Mainstreaming und Diversity geschult.

Arbeitsmarkt. Vielfältigkeit und Unterschiede

Neben dem Bildungssystem gilt auch die Erwerbsarbeit als wesentlicher Faktor von Diversity und Integration. Sie sorgt unter anderem für persönliche Begegnungen, weiterführende Kontakte und für eine Strukturierung des Alltagslebens.

So lag die Erwerbsquote 2012 bei den 15- bis 64-Jährigen mit Migrationshintergrund bei 66 Prozent und jene bei den Gleichaltrigen ohne Migrationshintergrund bei 74 Prozent. Wobei der Unterschied auf eine niedrigere weibliche Erwerbsbeteiligung von Migrantinnen zurückzuführen ist.

Personen mit Migrationshintergrund waren 2012 in großem Ausmaß (45 Prozent) als ArbeiterInnen beschäftigt, während es bei den Erwerbstätigen ohne Migrationshintergrund nur 23 Prozent waren. Hier überwogen Angestellte sowie Beamtinnen und Beamte (zusammen 62 Prozent). Bei den Branchen waren 2012 wiederum Unternehmensdienstleistungen (Gebäudereinigung, Arbeitskräfteüberlassung, Kraftwagenvermietung), Tourismus, Bauwesen und Verkehrswesen jene Branchen mit dem höchsten Anteil an Beschäftigten mit Migrationshintergrund. Das Finanz- und Versicherungswesen, die öffentliche Verwaltung, die Verteidigung sowie die Land- und Forstwirtschaft wiesen einen sehr geringen Anteil an MigrantInnen auf. Die berufliche Stellung der Erwerbstätigen in der zweiten Zuwanderergeneration hebt sich deutlich von der ersten Generation ab und gleicht eher jener der Bevölkerung ohne Migrationshintergrund. (Quellen: Statistik Austria, AMS)

Darüber hinaus gibt es noch zahlreiche Menschen mit Migrationshintergrund, die als UnternehmerInnen tätig sind. So sind beispielsweise in Wien 37 Prozent der Unternehmen ethnische Ökonomien, die allein im Jahr 2011 rund 20.000 Arbeitsplätze geschaffen haben. (Quelle: APA, bit.ly/1eNs0OX)

Unter ethnischer Ökonomie wird selbstständige Erwerbstätigkeit von Personen mit Migrationshintergrund sowie abhängige Beschäftigung in von Personen mit Migrationshintergrund geführten Betrieben verstanden, die in einem spezifischen MigrantInnenmilieu verwurzelt ist.

Damit sich der Arbeitsmarkt weiterhin positiv entwickelt, versucht Österreich gezielt auch dem Mangel an qualifizierten Arbeitskräften entgegenzusteuern. So soll deren Zuzug sowohl verstärkt als auch erleichtert werden. Dafür wurde von der Bundesregierung 2011 die „Rot-Weiß-Rot-Karte" eingeführt.

Die Regelung der unselbstständigen Beschäftigung von Staatsangehörigen aus Drittstaaten in Österreich durch eine Quotenpflicht wurde im Jahr 2011 durch die „Rot-Weiß-Rot-Karte" abgelöst. Diese wird an besonders Hochqualifizierte, Fachkräfte in Mangelberufen, sonstige Schlüsselkräfte, StudienabsolventInnen sowie selbstständige Schlüsselkräfte erteilt. Infos zur Rot-Weiß-Rot-Karte unter bit.ly/JNL7tj.

Ethnie und ArbeitnehmerInnenschutz

Das heutige Arbeitsbild wird nicht nur immer stärker durch Frauen und Männer, sondern auch durch die Diversität von ArbeitnehmerInnen geprägt. So sind ältere und jüngere Frauen und Männer unterschiedlicher ethnischer Herkunft und Religionen, mit und ohne besondere Bedürfnisse, unterschiedlicher sexueller Orientierungen gemeinsam tätig. Sie bringen alle ihre vielseitigen Kompetenzen wie beispielsweise Sprachkenntnisse und kulturelles Wissen in die Arbeitswelt ein.

Damit wird zwar zunächst die Komplexität und daraus resultierend die „Spannung im System" erhöht, was durchaus „ungemütlich" klingen mag, aber genau diese Diversität ist es, die letztendlich immenses Verbesserungspotenzial in sich birgt.

 Ernst Heidenreich, Präventionsexperte/AUVA: „Der ‚klassische' ArbeitnehmerInnenschutz ist relativ ausgereizt – da geht es darum, Niveau und Standard zu halten, und kaum mehr um Verbesserung der Standards. Wenn ich modernen ArbeitnehmerInnenschutz gewährleisten möchte, muss ich ‚Diversität' verstehen. Ich sehe es auch immer für die Betriebe, die uns finanzieren – da sind Potenziale drinnen!"

Durch einen gender- und diversitygerechten, „modernen" ArbeitnehmerInnenschutz kann in Betrieben für die Beschäftigten ein noch wirksamerer Sicherheits- und Gesundheitsschutz gewährleistet werden. Laut Renate Novak vom Zentral-Arbeitsinspektorat im ***Bundesministerium für Arbeit, Soziales und Konsumentenschutz (BMASK)***, und Expertin für Gender Mainstreaming im ArbeitnehmerInnenschutz, hat die Arbeitsinspektion dabei *„die Aufgabe, Bewusstsein zu schaffen. Die Diversität gibt uns Grund, genauer hinzuschauen, ob z. B. die Wirksamkeit der Maßnahmen für alle gegeben ist. Wenn ich in die Tiefe gehe, steigt die Zahl und Qualität der Lösungsmöglichkeiten. Durch das genaue Hinschauen profitieren alle davon!"*

Gender- und diversityspezifische Fragestellungen im Arbeitsschutz

Folgende Fragen lassen sich hinsichtlich des gender- und diversityspezifischen Arbeitsschutzes stellen:
- Sind Informationen sowie Unterweisungen zielgruppengerecht und verständlich aufbereitet? Werden sie auch verstanden (Piktogramme, Videos usw.)?
- Sind Frauen und Männer, ArbeitnehmerInnen mit Migrationshintergrund, unterschiedlichen Sprachen und Kulturen, ältere/jüngere Beschäftigte sowie Beschäftigte mit Einschränkungen

oder Behinderungen repräsentativ an Arbeitsschutzmaßnahmen beteiligt?
- Sind weibliche/männliche ErsthelferInnen mit migrantischem Hintergrund sowie verschiedenen Sprachkenntnissen eingesetzt?
- Gibt es eine geschlechter- und diversitygerechte Bestellung von Personen in Arbeitsschutzfunktionen im Betrieb?

(Quelle: Renate Novak, Zentral-Arbeitsinspektorat, BMASK)

Die Firma **Simacek** baut seit 2010 in ihrem Sprachenprojekt verstärkt Sicherheitsthematiken und die Bildsprache ein. Zu den jeweiligen Sicherheitsunterweisungen wurden ergänzend Multiple-Choice-Fragen entwickelt, um nachvollziehen zu können, ob und in welchem Bereich MitarbeiterInnen eine Nachschulung/Unterstützung brauchen. Außerdem wird gerade ein Sicherheitsposter entwickelt, das einerseits Gefahrenhinweise darstellt und andererseits zu präventiven Maßnahmen aufruft.

Ein Produktionsleiter der **voestalpine** produzierte ein eigenes Arbeitssicherheitsvideo zur Schärfung und Stärkung des Risikobewusstseins. Basierend auf Beinaheunfällen und Arbeitsunfällen zeigt es gefährliche Situationen im Arbeitsalltag und wie man diesen entgegenwirkt. Das Video zeigt das tägliche Arbeitsumfeld, die Situationen werden von allseits bekannten Kollegen dargestellt, was gleichzeitig die Akzeptanz erhöht. Das Video wird zur Einschulung neuer MitarbeiterInnen als auch für regelmäßige Sicherheitstrainings verwendet. Voestalpine ist auch Gewinner des „European Good Practice Award 2013".

Da laut Astrid Antes, Arbeitsmedizinerin/AUVA, *„in der Reinigung ein babylonisches Sprachgewirr herrscht und die Muttersprachen bzw. Sprachkenntnisse der Zielgruppe zum Teil sehr unterschiedlich sind, hat beispielsweise die SUVA (Schweizer Unfallverhütungsanstalt) ihre Reinigungsfolder in 16 Sprachen übersetzt. Die AUVA ist den Weg der Bilder gegangen, das heißt, es werden echte Situationen lustig nachgezeichnet und in der Darstellung der Figuren wird auf Ausgewogenheit (bspw. Geschlecht, Alter, Ethnie) geachtet. Die Bilder wurden mit externen Firmen auf ihre Verständlichkeit überprüft."*
Weitere Infos unter bit.ly/1ke4Cvv und bit.ly/1byqDCK.

Eine Verbesserung von Sicherheit und Gesundheitsschutz bei der Arbeit ist aber nicht nur für die betroffenen Arbeitskräfte wichtig, für die sie eine deutliche gesundheitliche Entlastung darstellt, sondern bedeutet auch die Sicherstellung des Fortbestands und Erfolgs von Unternehmen sowie die Förderung des Wirtschaftswachstums. (Quelle: OSHA – Occupational Safety and Health Administration)

Grundlegende Kennzahlen für die Dimension Ethnie

Unternehmen, die proaktiv das Thema Ethnie in ihrem Unternehmen umsetzen wollen, können mittels DiM-Kennzahlen ein realistisches Bild über vielfältige Verhältnisse in ihrem Unternehmen darstellen. Davon werden Strategien und Maßnahmen abgeleitet. Folgende Kennzahlen können dafür herangezogen werden:

- Vielfalt der Herkunft der MitarbeiterInnen (MA) in verschiedenen Funktionsbereichen und hierarchischen Ebenen
- MA-Zufriedenheit nach vielfältiger Herkunft
- Fluktuation nach vielfältiger Herkunft
- Weiterbildungsbudgets/-kosten/-tage nach vielfältiger Herkunft
- Beteiligung von Frauen und Männern nach vielfältiger Herkunft bei der Nachwuchsförderung
- Anzahl Lehrlinge nach vielfältiger Herkunft
- BewerberInnen nach vielfältiger Herkunft
- Budget für Gesundheitsförderung pro MA nach vielfältiger Herkunft

Herausforderungen der Dimension Ethnie

Rassismus – ein ideologisches Konzept des Ausschließens

Rassismus wird als ideologisches Konzept gesehen, nach dessen Auffassung Menschen aufgrund bestimmter (tatsächlicher oder fiktiver) Merkmale in Rassen unterteilt werden. Durch die Zuschreibung unterschiedlicher Wertigkeiten der verschiedenen Rassen werden die Abwertung anderer Rassen und die Aufwertung der eigenen Rasse gerechtfertigt. Die Folgen von Rassismus reichen von

Vorurteilen und Diskriminierung bis zu sogenannten „ethnischen Säuberungen" und Völkermord. Unabhängig von seiner Herkunft kann Rassismus jeden Menschen betreffen

 Der Begriff „Rasse" ist bis heute durch seine Instrumentalisierung als politische Ausgrenzungskategorie im Zuge des Nationalsozialismus negativ belastet. Anstatt des Begriffes „Rasse" wird daher heutzutage häufig der Begriff „ethnische Gruppe" verwendet. In Ländern, die durch eine hohe Einwanderungsquote gekennzeichnet sind, u. a. Großbritannien, USA oder Kanada, werden Begriffe wie „race" oder „race relations" dagegen heute noch zum öffentlichen wie wissenschaftlichen Sprachgebrauch gezählt. Aber auch hier ist eine Tendenz zum Gebrauch von „ethnic group" vorzufinden. (Quelle: Trierer Beiträge zum Diversity Management, Band 9)

Der Publizist Mark Terkessidis beschreibt „Rassismus" als „Ausgrenzungspraxis" und kritisiert, dass es in der Diskussion um Rassismus meist um Rechtsradikalismus oder um Gewalt gegen EinwanderInnen geht und dadurch die alltägliche Diskriminierung von Menschen mit anderem ethnischen Hintergrund aus dem Blickfeld verschwindet. (Quelle: M. Terkessidis, Interkultur, SV)

Auch beim Zugang zur Gesundheitsversorgung ist in den vergangenen Jahren Diskriminierung zunehmend zum Thema geworden. So diskutierten bei einem Workshop der EU-Kommission im Rahmen des European Health Forum Gastein (EHFG) Menschen mit persönlichen Diskriminierungserfahrungen mit EntscheidungsträgerInnen, WissenschaftlerInnen, NGOs und anderen Interessengruppen darüber, welchen Schaden Diskriminierung im Gesundheitsbereich anrichten kann und welche Maßnahmen ergriffen werden können. Laut Karin Kadenbach, EHFG-Vizepräsidentin, zeigt sich, dass Faktoren wie soziale und wirtschaftliche Leistungsfähigkeit, ethnische Herkunft, Alter, Geschlecht, Behinderung und Migrationsstatus Auswirkungen auf die individuelle Gesundheit und die Möglichkeit zum Zugang zu medizinischer Versorgung haben. Gleicher Zugang zur Gesundheitsversorgung ist in fast allen nationalen Gesetzgebungen garantiert, aber in Wirklichkeit gibt es einen Unterschied zwischen den gesetzlichen Bestimmungen und dem gleichberechtigten Zugang zur Gesundheitsversorgung in der Praxis. So soll unter dem Motto „Solidarität im Gesundheitswesen" die Diskussion über „Gerechtigkeit im Gesundheitswesen" 2014 in Brüssel von der EU-Kommission weitergeführt werden. (Quelle: EHFG, bit.ly/1kpqM0o)

Sensibilität, Respekt, Perspektivenwechsel – ein erster Schritt

In unserer Kommunikation sind es üblicherweise die verallgemeinernden und stereotypen Aussagen, wie „die Schwarzen dealen", „alle Südländer sind faul", „Migranten kosten nur Geld", in denen sich Vorurteile, Diskriminierung und Rassismen verbergen. Diese Stereotypen werden meist ohne Hinterfragen von anderen übernommen und weitergegeben.

Die Alltagsdiskriminierung und der Alltagsrassismus haben dabei ein vielfältiges Gesicht: von AusländerInnen-Witzen, Graffitis, offenen Anfeindungen auf der Straße über Aufnahmeverbote in bestimmte Berufsgruppen bis hin zu Ablehnung am Arbeitsmarkt. Sehr häufig versteckt sich dahinter jedoch auch nur die Angst vor dem Fremden.

Selbst in Österreich, einem der reichsten Länder der Welt, beginnt in Zeiten, die durch Wirtschaftskrise und demografischen Wandel geprägt sind, spürbar der Respekt füreinander ab- und die Angst voreinander zuzunehmen. Gerade deshalb trägt jede und jeder Einzelne dafür Verantwortung, eine Sensibilität für Vorurteile, Stereotypen, Diskriminierung und Rassismen zu entwickeln und sich um einen respektvollen, toleranten Umgang im Zusammenleben zu bemühen.

„Das Denken in ‚Schubladen', in Stereotypen, führt viel zu oft zu unreflektierten Vorurteilen! Und wir alle haben – in den unterschiedlichsten Ausprägungen – Vorurteile", sagt Karin Gutiérrez-Lobos, Vizerektorin für Lehre, Gender & Diversity an der Medizinischen Universität Wien und Fachärztin für Psychiatrie und Neurologie. *„An der MedUni Wien ist es uns daher wichtig, Vorurteile bewusst zu*

machen und für die Vielfalt an Werten, Lebensweisen und Einstellungen von MitarbeiterInnen und PatientInnen offen zu sein. *Ein Bewusstsein für Vielfalt und Diversität kann durch Wissen, durch die Auseinandersetzung mit Themen, die nicht dem Mainstream entsprechen, aber auch durch das Entwickeln eines Verständnisses füreinander geschaffen werden. Ein Perspektivenwechsel wird zum Beispiel in unserem ‚Erfahrungsworkshop im Rollstuhl' ermöglicht, bei welchem unsere ÄrztInnen Einblicke in alltägliche Situationen von Menschen im Rollstuhl bekommen und dabei selbst Situationen im Rolli (wie U-Bahn-Fahren oder Einkaufen) meistern (müssen). Daraus ergeben sich völlig neue Blickwinkel, aus denen eine Weiterentwicklung resultieren kann. Jede und jeder sollte die Chance nützen, die Welt aus unterschiedlichen Perspektiven zu begreifen und den eigenen Horizont zu erweitern."* Ihr größtes Anliegen für die Zukunft im Bereich Diversity Management fasst Karin Gutiérrez-Lobos folgendermaßen zusammen: *„Dass sich die Erkenntnis durchsetzt, dass es nie zu spät ist, ein Vorurteil aufzugeben!"*

Interkulturelle Kompetenz stärken

Ein gelungenes Beispiel multinationaler Zusammenarbeit ist beispielsweise die Firma **Infineon** mit Standort Villach, deren MitarbeiterInnen aus 58 Nationen kommen. Um diesen internationalen MitarbeiterInnen auch mit Taten zu zeigen, dass sie willkommen sind, wurde in Villach neben einem internationalen Kindergarten im Jahr 2013 die ISC – International School Carinthia, die erste private, konfessionelle, internationale Ganztagsschule Österreichs mit Öffentlichkeitsrecht eröffnet.

So wie Infineon wissen bereits viele Unternehmen diese kulturelle Vielfalt zu schätzen und auch für sich zu nutzen. Denn das Wissen und die Fähigkeiten von Menschen mit unterschiedlichem kulturellen Hintergrund steigern die Innovationskraft und damit auch die Wettbewerbsfähigkeit.

Kulturelle Unterschiede, die sich in Sprache, Gestik, Mimik, Brauchtum, Einstellung, Tradition u. a. zeigen, müssen aber auch gemanagt werden, denn Unterschiede können zu Konflikten führen, vor allem dann, wenn versucht wird, den anderen die eigene Kultur aufzuzwingen. Um mögliche Reibungspunkte zwischen Kulturen zu vermeiden, ist es unabdingbar, die eigene interkulturelle Kompetenz zu erhöhen. Zielführend sind beispielsweise Auslandsaufenthalte, Weiterbildungsmaßnahmen in interkultureller Kompetenz, Coachings oder Mentoringprogramme für MigrantInnen, in deren Verlauf man sich als MentorInnen zur Verfügung stellt (siehe nächstes Kapitel).

Dabei soll Interesse und Neugierde am „kulturell Anderen" geweckt werden.

„Interkulturelle Kompetenz beschreibt das Wissen über kulturelle Besonderheiten anderer Kulturkreise und die Fähigkeit eines konstruktiven Umgangs mit der kulturellen Diversität. Es ist die Fähigkeit, mit Angehörigen anderer Kulturen effektiv und angemessen zu interagieren." (Quelle: Wikipedia, bit.ly/1jmdYF4)

Kein Netzwerk und zu gut ausgebildet

Häufig haben höher qualifizierte Personen mit Migrationshintergrund mit Hürden bei der Arbeitsmarkteingliederung zu kämpfen. Ein Grund dafür sind fehlende Netzwerke und damit auch mangelnde informelle Kenntnisse über den Arbeitsmarkt. Aus diesem Grund haben die Wirtschaftskammern Österreichs, der Österreichische Integrationsfonds und das Arbeitsmarktservice (AMS) das Programm „Mentoring für MigrantInnen" etabliert.

Beim Mentoring für MigrantInnen unterstützen erfahrene Persönlichkeiten des Wirtschaftslebens – so genannte MentorInnen – Personen mit Migrationshintergrund – so genannte Mentees – bei der Integration in den österreichischen Arbeitsmarkt. Als gut vernetzte AkteurInnen des Wirtschaftslebens können die MentorInnen ihren Schützlingen wertvolle Hilfestellungen, Ratschläge und Kontakte vermitteln. Nähere Infos unter ÖIF, bit.ly/1mczCOu.

Dem Wirtschaftsstandort gehen aber auch viele Chancen dadurch verloren, dass MigrantInnen häufig sehr gut ausgebildet sind, jedoch ihre Kompetenzen nicht genutzt werden. Stichwort: Universitätsprofessor als Taxifahrer oder Krankenschwester als Putzfrau. Das MentorInnenprogramm soll auch dazu führen, dass MigrantInnen gemäß ihrer Ausbildung eingesetzt werden. Wobei Außenminister Sebastian Kurz noch in dieser Legislaturperiode ein Anerkennungsgesetz nach deutschem Vorbild schaffen möchte. (Quelle: ORF, bit.ly/1bHdlnA)

 Viele Migranten und Migrantinnen in Österreich haben ihre höchste abgeschlossene Schul- oder Berufsausbildung in ihrem Herkunftsland absolviert. Die Antragstellung zu deren Anerkennung nimmt jedoch Zeit und Kosten in Anspruch. Am häufigsten wagen diesen Schritt ZuwanderInnen aus den EU-15-Ländern (ein Drittel davon Deutsche). (Quelle: Statistik Austria)

Ethnische Vielfalt im Drinnen und Draußen erhöhen

Häufig gibt es das Interesse, die Vielfalt im eigenen Unternehmen und auch bei den Zielgruppen zu erhöhen, doch viele werden aus unterschiedlichen Gründen noch davon abgehalten: aus Sorge vor zu hoher Komplexität, aufgrund der eigenen Ängste oder auch weil ihnen die Idee eines ersten Schrittes fehlt. Wir wollen Ihnen dazu ein paar Anregungen geben:

- Überlegen Sie, in welchen Bereichen Sie besonderen Bedarf an MitarbeiterInnen mit Diversitätskompetenz haben.
- Stellen Sie MitarbeiterInnen ein, die aus dem Kulturkreis bzw. der Community Ihres KundInnenkreises kommen.
- Inserieren Sie zur MitarbeiterInnengewinnung auch in migrantischen Medien, besuchen Sie Jobmessen für Menschen mit Migrationshintergrund und deponieren Sie beim AMS Ihre konkreten Anforderungen, wie zielgruppengerechte Sprachkenntnisse.
- Passen Sie Ihre Kommunikation hinsichtlich Sprachen, Bilder, Inhalte und Kommunikationskanäle (bspw. Medienarten) an ihre vielfältigen KundInnen an.

- Vernetzen Sie sich mit einem der zahlreichen (Kultur-)Vereine oder Interessengruppen.
- Eignen Sie sich Sprachkenntnisse der gewünschten Zielgruppe an. Bereits Grußworte in der jeweiligen Sprache öffnen Türen.
- Sorgen Sie bei Ihrem vielfältigen Team für kulturellen Austausch unter den KollegInnen.
- Bieten Sie Aus- und Weiterbildungsmaßnahmen zur Steigerung der interkulturellen Kompetenzen an.
- Tauschen Sie sich mit anderen Unternehmen zum Thema Diversity aus und besuchen Sie diversitätsspezifische Veranstaltungen.

Und zu guter Letzt sollte laut Edeltraud Hanappi-Egger, Universitätsprofessorin an der Wirtschaftsuniversität Wien, die Frage aus Kosten-Nutzen-Sicht nicht *„Was bringt es, Diversitätsmanagement zu betreiben?"* lauten, sondern vielmehr: *„Was kostet es, Diversität zu ignorieren?"* (Quelle: E. Hanappi-Egger, B2B Diversity-Tag 2013)

Ethnie: Gesundheit und Prävention

In unserer modernen Zuwanderungsgesellschaft, in der die Berufs- und Alltagsrealität immer mehr durch die Vielfältigkeit der Menschen geprägt wird, bekommt auch die Frage der Prävention und Gesundheitsvorsorge eine neue Dynamik. Denn obwohl das österreichische Gesundheitssystem im internationalen Vergleich als eines der besten gilt – vor allem beim Zugang zur Gesundheitsversorgung –, können *nicht alle* erreicht werden. Daher werden in den kommenden Jahren neben frauengesundheitsspezifischen Fragestellungen auch immer stärker Fragen der interkulturellen Kompetenz im Präventions- und Gesundheitsbereich in den Vordergrund rücken.

Im Bereich Gesundheit und Prävention werden in Hinblick auf Migranten und Migrantinnen häufig komplexe Faktoren wirksam. Ihre ethnische, kulturelle, sozioökonomische und religiöse Diversität bringt eine Vielzahl von Sprachen, Lebenssituationen und Lebensstile mit sich, die sich manchmal beträchtlich von Vorstellungen und Zugängen des Einwanderungslandes unterscheiden.

Aber auch das Verlassen der eigenen Heimat bringt Belastungen und Risiken mit sich, wenn auch damit beispielsweise die Chance auf eine bessere Gesundheitsversorgung verbunden ist. Viele MigrantInnen in Österreich haben jedoch ein höheres Risiko, von sozialer Ungleichheit betroffen zu sein. So arbeiten überdurchschnittlich viele MigrantInnen im Niedriglohnsektor. Der damit einhergehende niedrigere soziale Status, verbunden mit schlechteren Arbeitsbedingungen und geringeren finanziellen Mitteln, sowie die schlechtere Wohnsituation wirken sich häufig negativ auf die Gesundheit aus.

Die Herausforderungen im Gesundheitsbereich: Sprache, Verständnis, Information, Motivation

Betrachtet man den Gesundheitsbereich mit Fokus auf die migrantische Bevölkerung, zeigen sich folgende Herausforderungen:

* Sprachliche Barrieren erschweren häufig den Zugang zu und die Inanspruchnahme von Gesundheitsleistungen.
* MigrantInnen nutzen die Gesundheitseinrichtungen häufig anders als ÖsterreicherInnen. So werden Beratungsstellen und Präventionsangebote weniger frequentiert, dafür werden Unfallambulanzen und Akutversorgungsangebote häufiger genutzt.
* Obwohl in Österreich lediglich 1 bis 2 Prozent der Bevölkerung keine Krankenversicherung haben, werden notwendige Arzt- und Zahnarztbesuche von Personen ausländischer Staatsangehörigkeit in weit größerem Ausmaß nicht in Anspruch genommen.
* ZuwanderInnen bringen mitunter auch eigene Krankheits-, Heilungs- und Behandlungsvorstellungen mit. Am auffälligsten sind Unterschiede zwischen der (westlichen) Selbstbestimmung und (östlichen) Gruppen- und Familienloyalität; ebenso auffällig – im religiösen Kontext – die Schicksalsgebundenheit an einen göttlichen Willen und die buchstabengetreue Auslegung göttlicher Offenbarungen.
* Verschiedene soziokulturelle Prägungen können sich ebenfalls im Bereich Gesundheit und Prävention zeigen. So zum Beispiel die unterschiedliche Sozialisation von Frauen und Männern,

welche sich in einem erlernten geschlechtsspezifischen Rollen-
verhalten ausdrückt (siehe Kapitel „Dimension Geschlecht").

- Mangelnde Information über das österreichische Gesundheitswesen führt oft zu Missverständnissen bei MigrantInnen.
- Gewisse Angebote der Gesundheitsversorgung und -förderung
sind Frauen und Männern mit Migrationshintergrund unbekannt bzw. aus kulturellen, sozialen oder anderen Gründen für
sie nicht sichtbar.
- Eine weitere Herausforderung ist die Motivation dieser Bevölkerungsgruppen zu Gesundheitsförderung und Prävention. Häufig
gibt es in Betrieben der Herkunftsländer von MigrantInnen beispielsweise auch gar keine betriebliche Gesundheitsförderung.

(Quellen: Migration & Integration 2013, Statistik Austria; Interkulturell kompetent. Ein Leitfaden für Ärztinnen und Ärzte, Facultas)

Gesunde Initiativen und Projekte

Um eine Chancengleichheit für MigrantInnen hinsichtlich der Gesundheitsversorgung zu gewährleisten und gleichzeitig die damit
verbundenen Herausforderungen bewältigen zu können, benötigt
das Fachpersonal, wie beispielsweise auch BetriebsärztInnen, Unterstützung. Dies kann durch FachdolmetscherInnen, Einstellung
von muttersprachlichem Fachpersonal, eine stärkere Kooperation
der Gesundheits- und Sozialdienste, durch Förderung der interkulturellen Kompetenz und durch vielfältige Projekte und Initiativen
erfolgen.

Beim Pilotprojekt *„Videodolmetschen"* im Gesundheitswesen,
das im Oktober 2013 startete, stehen in elf Krankenhäusern und
bei zehn niedergelassenen Ärztinnen und Ärzten auf Knopfdruck
per Videoeinspielung ausgebildete FachdolmetscherInnen in den
Sprachen Türkisch, Bosnisch, Kroatisch, Serbisch und Gebärdensprache zur Verfügung. Ralf Spitaler, Oberarzt am Unfallkranken-
haus Lorenz Böhler und Projektbegleiter von Videodolmetsch:
*„Wir haben das Videodolmetsch fix in unserer Ambulanz installiert und
können uns bei Bedarf von Montag bis Freitag, von 6.00 bis 22.00
Uhr kurzfristig in die Dolmetschzentrale einwählen. Das hilft uns in*

der Kommunikation mit nicht deutschsprechenden PatientInnen. Neben den Fremdsprachen gibt es auch Dolmetsch mit Gebärdensprache. Das Videodolmetsching wäre sicher auch auf andere Sparten transferierbar. Es ist einfach und problemlos zu bedienen. Letztendlich ist es eine Frage der Organisation und der Kosten."

Weitere Infos unter „Plattform Patientensicherheit", bit.ly/1aB-KNIv.

Die Broschüre des Bundesministeriums für Gesundheit (BMG) **„Gesund bleiben und mit Krankheiten umgehen"** für MigrantInnen soll den Zugang zum österreichischen Gesundheitssystem erleichtern.

Download unter bit.ly/LqIxh1.

Das Handbuch und der Leitfaden **„Interkulturell kompetent"** für Ärzte und Ärztinnen von Michael Peintinger (Hg.) im Facultas Verlag zeigt Hintergründe und Möglichkeiten auf, wie Ärzte und Ärztinnen mit ihren PatientInnen aus verschiedenen Kulturkreisen eine direkte Kommunikation über wesentliche physische und psychische Beschwerden führen können.

Das **Institut für Frauen- und Männergesundheit** (FEM/Frauengesundheitszentrum und MEN/Männergesundheitszentrum), das vorwiegend in der psychosozialen Beratung tätig ist, arbeitet interkulturell und mehrsprachig. In der betrieblichen Gesundheitsarbeit liegt ein Schwerpunkt auf der Implementierung von GesundheitsmultiplikatorInnen.

Weitere Infos unter „FEM/MEN", bit.ly/1bc5NWb.

Die **AUVA** bietet zum Thema „Gesunde Haut" eine große Auswahl an Postern und Foldern an, die Sprachbarrieren überwinden helfen.

Weitere Infos unter „AUVA", bit.ly/1ke4Cvv.

Im Projekt **MiMi - interkulturelle GesundheitslotsInnen Wien** werden MigrantInnen im Bereich Gesundheit und Gesundheitssystem ausgebildet. Diese können wiederum ihre Landsleute in der jeweiligen Muttersprache über das Gesundheitssystem und über Prävention informieren.

Weitere Infos unter „Volkshilfe Wien", bit.ly/1brM2xR.

Interkulturelle GesundheitslotsInnen sind beispielsweise auch bei *BMW*, Deutschland, im Einsatz. Sie kennen die betrieblichen Strukturen und Prozesse des Gesundheitsmanagements und Arbeitsschutzes und beraten KollegInnen – insbesondere diejenigen, die neu im Unternehmen und gegebenenfalls auch neu in Deutschland sind – zu Fragen der Gesundheit am Arbeitsplatz.

Der *Deutsche Olympische Sportbund (DOSB)* will mit seinem Gesundheitsförderungsprojekt „Zugewandert und geblieben" ältere Migrantinnen und Migranten für bewegungsorientierte Sportangebote in Sportvereinen gewinnen. Das Bundesministerium für Gesundheit fördert das Projekt. Ziel ist es, ältere Migrantinnen und Migranten ab einem Alter von 60 Jahren zu mehr Bewegung und körperlicher Aktivität zu motivieren. Dabei entwickeln die Mitgliedsverbände und Vereine des DOSB gemeinsam mit MigrantInnen zielgruppenspezifische Angebote und Maßnahmen, wie Fußball für MigrantInnen. (Quelle: DOSB, bit.ly/1dKnj8q)

Ina Pfneizl, Leiterin Marketing/CSR der Firma *Simacek*, hat Listen über Ärzte- und Ärztinnennetzwerke erstellt und diese in allen Aufenthaltsräumen des Betriebes aufgehängt, um die Hemmschwelle für Untersuchungen zu minimieren.

Zusammenfassung

Migranten und Migrantinnen bereichern seit vielen Jahrzehnten die Gesellschaft und den Arbeitsmarkt Österreichs. Durch den Einfluss unterschiedlicher Kulturen wird beispielsweise die Innovation in unserem Land und damit auch unsere Zukunft sichergestellt.

Migranten und Migrantinnen rücken auch als KundInnen und gefragte MitarbeiterInnen immer mehr in den Blickpunkt. Die demografischen Entwicklungen werden diesen Trend noch verstärken. Viele Unternehmen gehen bereits aktiv auf diese Zielgruppe zu. Ein offenes, respektvolles, wertschätzendes Aufeinanderzugehen ist dabei ein erster Schritt für eine erfolgreiche gemeinsame Zukunft.

Im Kapitel wurde darauf hingewiesen, dass die verschiedenen kulturellen Hintergründe auch unterschiedliche Herangehensweisen im Bereich Sicherheit und Gesundheit erforderlich machen. Niemand kann über jede Kultur Bescheid wissen, aber es ist möglich, sich über grundlegende kulturelle Charakteristika im Umgang mit anderskulturellen MitarbeiterInnen zu informieren. Ein gemeinsamer und erfolgreicher Weg kann auch nur dann gelingen, wenn Verschiedenheit ernst genommen, anerkannt und in den Unternehmensalltag integriert wird, denn Multikulturalität sollte weder verleugnet noch idealisiert werden.

Diversity Management und Resilienz

Das Immunsystem für die Seele

Mit Resilienz (häufig beschrieben als „seelische Widerstandskraft gegen widrige Umstände") wird die innere Stärke, die seelische Widerstandsfähigkeit eines Menschen bezeichnet, Konflikte, Misserfolge, Niederlagen und Lebenskrisen wie schwere Erkrankungen, eine Entlassung, den Verlust eines nahestehenden Menschen durch Tod oder Trennung, Unfälle, Schicksalsschläge, berufliche Fehlschläge oder eine traumatische Erfahrung zu meistern und in Balance zu bleiben. Man könnte es auch als eine Art Immunsystem für die Seele bezeichnen. Resilienz ist nicht angeboren, sondern im Laufe der Entwicklung angelernt. Folglich kann jeder Mensch seine Resilienz steigern, wenn es ihm daran mangelt.

In der Arbeitswelt wird Resilienz als eine entwickelbare Fähigkeit bezeichnet, sich nach Widrigkeiten, Konflikten, Versagen oder sogar nach positiven Geschehnissen, Fortschritt oder gestiegener Verantwortung zu erholen oder wieder auf die Beine zu kommen.

Besondere Merkmale resilienter Personen

Resiliente Menschen reagieren kreativ und flexibel auf Krisen, denen sich andere Menschen hilflos ausgeliefert fühlen. Sie erholen sich schneller von Niederlagen oder Fehlschlägen und können Belastungen eher als Herausforderung denn als Problem erfahren. Die Grundhaltung einer Person mit hoher Resilienz lautet: *„Was auch immer auf mich zukommt, ich werde damit umgehen können und eine Lösung finden. Ich kann selber etwas tun, um den Fehlschlag, die Niederlage oder die Krise zu bewältigen."*

Resiliente Personen scheinen auch besondere Merkmale aufzuweisen, die sie in Krisensituationen schützen.

- Sie akzeptieren die Krise und die damit verbundenen Gefühle,
- bleiben optimistisch,

- suchen nach Lösungen,
- fühlen sich nicht als Opfer,
- geben sich nicht selbst die Schuld,
- lösen ihre Probleme nicht allein,
- planen voraus (Quelle: bit.ly/1dePixc).

Die Paradoxie des Resilienzkonzeptes besteht aber auch darin, dass die schlimmsten Zeiten in einem Menschenleben zugleich auch das Beste hervorbringen können. Eine Krise kann dazu führen, dass Lernbereitschaft, Veränderung und Wachstum eines Menschen ungeahnte Richtungen einschlagen. (Quelle: R. Welter-Enderlin)

Resilienz in der Arbeitswelt

Aus problematischen Arbeitsbedingungen können nicht nur körperliche Leiden resultieren, sondern immer häufiger führen ständiger Druck und ein erhöhtes Stressniveau zu immer mehr psychischen Beschwerden. Gründe dafür können sein:

- Zunehmende Arbeitsplatzunsicherheit
- Intensivierung der Arbeit durch lange Arbeitszeiten
- Zeitdruck und Informationsflut durch die neuen Kommunikationstechnologien
- Notwendigkeit von Neuorientierung
- Unzureichende Vereinbarkeit von Beruf und Privatleben
- Wettbewerbsdruck zwischen Abteilungen, innerhalb von Abteilungen oder zwischen Töchtern des gleichen Konzerns
- Führungsmängel (Quelle: bit.ly/1dePixc)

Darüber hinaus birgt auch die immer mehr geforderte *Autonomie* bzw. *Selbstkontrolle* Vor- und Nachteile. Bringt sie einerseits für viele Menschen Selbstbestimmung, Entfaltungsmöglichkeiten und Anpassungsfähigkeit mit sich, kann sie auf der anderen Seite negative Wirkungen durch fehlende Planbarkeit und Berechenbarkeit und daraus entstehende Unsicherheit entfalten. Bei hohem Leistungsdruck kann Autonomie somit zur Belastung werden.

 Anhaltender Stress bei der Arbeit gilt auch als einer der wesentlichen Faktoren für depressive Verstimmungen. So wird bis 2020

Depression laut WHO bei der weltweiten Krankheitsbelastung auf Rang 2 stehen. Resilienz und persönliche Ressourcen am Arbeitsplatz stellen bedeutende Faktoren dar, um anhaltenden Stress bei der Arbeit und damit Depressionen entgegenzuwirken.

Laut einer Studie, die der Volkswirtschaftsexperte Friedrich Schneider gemeinsam mit Elisabeth Dreer (beide Johannes Kepler Universität Linz) verfasst hat, verursachen schon heute psychische Erkrankungen jährliche volkswirtschaftliche Kosten von 7 Milliarden Euro. Wird ein Burnout früh erkannt und wird rasch gegengesteuert, entstehen pro Person volkswirtschaftliche Gesamtkosten von 1.500 bis 2.300 Euro. Bei einer späten Diagnose hingegen – mit monatelangen Krankenständen und aufwendigen Therapien – können sich die Kosten auf bis zu 130.000 Euro erhöhen. (Quelle: Kurier, bit.ly/L7blvs)

Der Zusammenhang von Diversitätsmanagement und Resilienz

In den meisten entwickelten Ländern wird die erwerbstätige Bevölkerung in nahe Zukunft von größerer Diversität geprägt sein. Diese zunehmende Diversität kann sowohl Widerstand und Konflikte am Arbeitsplatz auslösen als auch positive Auswirkungen haben. Zum Beispiel konnte durch Forschungen belegt werden, dass divers zusammengesetzte Gruppen Informationen besser verarbeiten und nutzen können und dadurch auch ihre Leistungen erhöhen. Dies benötigt allerdings ein gutes Diversitätsklima. Wobei sich bei einem guten Diversitätsklima auch das Commitment der MitarbeiterInnen erhöht (Quelle: S. Stegmann, Goethe Universität, Dissertation 2011).

Diese tiefgreifende Veränderung kann ebenfalls durch Resilienz besser gemeistert werden. Denn Resilienz wird auch als Fähigkeit beschrieben, die Herausforderung von Fortschritt oder gestiegener Verantwortung zu bewältigen. So sind zum Beispiel MitarbeiterInnen mit hohem psychologischen Kapital (bestehend aus Hoffnung, Selbstwirksamkeit, Optimismus und Resilienz) fähig, mit den Veränderungen, die steigende Diversität mit sich bringt, umzugehen, und sind gleichzeitig offener für organisationale Veränderungen.

Eine neue Studie von Jakob Ritzkat (unveröffentlichte Diplomarbeit) bestätigt, dass in modernen Arbeitswelten Diversität und Resilienz wichtige Faktoren sind, wenn es um Engagement, Commitment, Erschöpfung und Konflikte am Arbeitsplatz geht. Aus diesem Grund sollte man ihnen auch besondere Beachtung schenken. So zeigte sich in der Studie ein positiver Zusammenhang von *Diversität* mit Engagement und Commitment von MitarbeiterInnen, das heißt, dass MitarbeiterInnen aus Teams mit hoher Vielfalt ein größeres Maß an Engagement und Commitment zeigten als jene aus weniger vielfältigen Teams. Weiters wirkte *Resilienz* bei den befragten MitarbeiterInnen als Schutzfaktor und schwächte den Zusammenhang von emotionaler Belastung und Erschöpfung ab. Das heißt, dass bei MitarbeiterInnen mit hoher Resilienzausprägung emotionale Belastung am Arbeitsplatz zu signifikant weniger Erschöpfung führte als bei MitarbeiterInnen mit niedrigerer Resilienz. Es kann auch gesagt werden, dass Effekte von Diversity und Resilienz eher im „Verborgenen" wirken, das heißt, sie kommen besonders dann zum Tragen, wenn Herausforderungen oder Veränderungen bevorstehen, wie beispielsweise bei Changeprozessen oder in Krisenzeiten. Umso mehr gilt es, diese Faktoren präventiv zu fördern und zu entwickeln.

Was kann zur Erhöhung von Resilienz beitragen?

Eine resiliente Kultur beruht unter anderem auf Vielfalt, Unterschieden und einem toleranten Umgang mit Meinungsverschiedenheiten. Hoher Druck und Stressbelastungen in der Arbeitswelt erfordern auch zusehends ein modernes Führungsverständnis, welches MitarbeiterInnen bei (extremen) Herausforderungen Unterstützung anbietet und nach dem sich Führungskräfte auch in eine wertschätzende Coachingrolle begeben können (resiliente Führung).

Resilienz darf jedoch nicht nur auf die ArbeitnehmerInnen ausgelagert werden. Dazu gehört unter anderem die Evaluierung psychischer Belastungen nach dem novellierten ArbeitnehmerInnenschutzgesetz, das seit Jänner 2013 in Kraft ist. Aus den Evaluierungsergebnissen sind Veränderungen der Arbeitsbedingungen für MitarbeiterInnen abzuleiten.

Von besonderer Bedeutung hinsichtlich der Resilienz in Gruppen sind zwei Faktoren: *Kooperation* und *Vertrauen*. Sie sichern den Fortbestand von „Suchräumen" voller alternativer Lösungsansätze, die für jede Gemeinschaft, die starre kulturelle Normen aufbrechen möchte, unabdingbar sind.

So sieht auch Ina Pfneiszl, Leiterin Marketing/CSR der Firma **Simacek**, Kooperation als wesentliches Element in der Resilienzfrage. *„Wenn man sich intensiv mit dem Thema Resilienz beschäftigt, gilt es, verstärkt Kräfte zu bilden und zu bündeln. Wir verstehen uns gegenüber unseren MitarbeiterInnen, aber auch unseren NetzwerkpartnerInnen und KundInnen in einer kooperativen Rolle, weil wir davon überzeugt sind, dass die Kooperation und nicht die Konkurrenz überleben wird. Für uns liegt die große Kraft der Resilienz in der Kooperation und im Dialog."*

Somit bringt jeder Tag neue Chancen mit sich, dass wir an unseren Herausforderungen wachsen können.

Kerndimension Religion

Arbeit und Religion – ein Widerspruch?

Generell wird zwischen Religion und Religiosität unterschieden. Während Religion das religiöse Denken und die Einhaltung überlieferter Regeln bezeichnet, bezieht sich Religiosität auf das subjektive Erleben des/der einzelnen Gläubigen.

Millionen von Menschen werden von unterschiedlichen Religionen beeinflusst und es gibt kein Land, in dem Religion nicht in irgendeiner Ausgestaltung vorhanden ist.

 Zur Vielfalt der Religionen bemerkt der Dalai-Lama: „Es ist ein Glück, dass wir eine Vielfalt von Religionen haben, denn nur eine Vielfalt der Religionen kann der Vielfalt der Personen dienen." Und Mahatma Gandhi beschreibt das Vorhandensein religiöser Vielfalt mit folgendem Satz: „In Wahrheit gibt es genauso viele Religionen, wie es Individuen gibt."

Religionen können Menschen in ihrer Lebensbewältigung helfen, indem sie ihnen einen sichernden, identitätsstiftenden Rahmen vorgeben. Aber auch das konstruktive Potenzial von Werten und moralischen Tugenden, wie Vergebung, Dankbarkeit, Bescheidenheit, Weisheit und Zuversicht, ist von maßgeblicher Bedeutung in Judentum, Christentum, Islam, Buddhismus und Hinduismus. Dass diese Grundwerte der Religionen ebenso der Arbeitswelt nützen, darüber herrschte Einigkeit bei einer 2011 stattfindenden Tagung der Arbeiterkammer Wien mit ReligionsvertreterInnen und UnternehmerInnen zum Thema „Arbeit und Religionen – betrieblicher Umgang mit Vielfalt".

Die Religion eines Landes spielt auch für die Gesellschaftsordnung eine entscheidende Rolle. So beeinflussen Religionen die Kultur und die Lebenskonzepte der Menschen. In einer Gesellschaft, die von Vielfalt geprägt ist und in der unterschiedliche Religionen und Weltanschauungssysteme aufeinandertreffen, kann es aber auch zu Spannungen, Angst und Ablehnung kommen. Ursachen dafür können Unwissenheit oder Feindbilder sein, die aus einem gegenseitigen Gefühl der Bedrohung entstehen.

Diversity Management hat die Vielfältigkeit der Menschen im Blick und versucht ein positives Umfeld zu schaffen. Dabei werden in der Kerndimension Religion beispielsweise folgende Themenstellungen aufgegriffen:

- Umgang mit religiösen Feiertagen und Fastenzeiten
- Umgang im Abhalten von Gebeten während der Arbeitszeit
- Religionsbedingte Ernährungsgewohnheiten
- Einfluss religiöser Gewissensentscheidungen, wie Glücksspiel, Tabak, Alkohol, Nahrungsmittel etc.
- Einflüsse von Religion in der betrieblichen Gesundheitsarbeit und im ArbeitnehmerInnenschutz

Im Diversity Management gilt es aber auch, Diskriminierungen aufgrund des Glaubens zu vermeiden. Dazu benötigt es neben einer offenen Haltung vor allem Information, Kommunikation und Aufklärung, damit sich MitarbeiterInnen und EntscheidungsträgerInnen selbst eine reife Meinung bilden können. Dadurch kann sich gegenseitiger Respekt entwickeln und sich das Verständnis füreinander verbessern.

 Zum gegenseitigen Verständnis von Menschen unterschiedlichen Glaubens genügen kleine Schritte. Dies zeigt die bei einer Podiumsdiskussion präsentierte Broschüre „Anregungen für den interkulturellen Dialog im Unternehmen", ein Projekt des Österreichischen Integrationsfonds (ÖIF) und der Industriellenvereinigung Niederösterreich. Die Broschüre zum Download: bit.ly/KmxZio.

Zahlen und Fakten zur Dimension Religion

„Wer seiner Religionsgemeinschaft Ehre erweist und die Religionsgemeinschaften anderer verachtet, allein aus Anhänglichkeit gegen die eigene, mit der Absicht, den Glanz der eigenen zu erhöhen, der fügt in Wahrheit seiner eigenen Gemeinschaft schweren Schaden zu." *(Ashoka)*

Die folgenden fünf Religionen werden im Allgemeinen als Weltreligionen bezeichnet:
* Christentum (etwa 2,26 Milliarden AnhängerInnen)
* Islam (etwa 1,57 Milliarden AnhängerInnen)
* Hinduismus (etwa 900 Millionen AnhängerInnen)
* Buddhismus (etwa 377 Millionen AnhängerInnen)
* Judentum (etwa 15 Millionen AnhängerInnen)

In Österreich leben rund 8 Millionen Menschen, wovon 7 Millionen Menschen einer Religionsgemeinschaft angehören. Das Christentum ist weiterhin mit Abstand die zahlenmäßig größte Religion. Die zweitstärkste Gruppierung nach den christlichen Kirchen ist allerdings nicht der Islam, sondern die Gruppe ohne religiöses Bekenntnis (963.263 Personen).

Anerkannte Religionsgemeinschaften und Kirchen in Österreich

Insgesamt gibt es in Österreich 16 anerkannte Religionsgemeinschaften und Kirchen. Als „Körperschaften des öffentlichen Rechts" nehmen sie religiöse, soziale, gesellschaftliche und kulturpolitische Aufgaben des öffentlichen Interesses wahr, die dem Gemeinwohl dienen.
* Altkatholische Kirche Österreichs
* Armenisch-apostolische Kirche in Österreich
* Evangelische Kirche A.B. und H.B.
* Evangelisch-methodistische Kirche in Österreich
* Freikirchen in Österreich

- Bund der Baptistengemeinden in Österreich
- Bund Evangelikaler Gemeinden in Österreich
- Elaia Christengemeinden
- Freie Christengemeinde – Pfingstgemeinde
- Mennonitische Freikirchen in Österreich
- Griechisch-orientalische (= Orthodoxe) Kirche
  - Griechisch-orientalische Kirchengemeinde zur Heiligen Dreifaltigkeit
  - Griechisch-orientalische Kirchengemeinde zum Heiligen Georg
  - Bulgarisch-orthodoxe Kirchengemeinde zum Heiligen Iwan Rilski
  - Rumänisch-griechisch-orientalische Kirchengemeinde zur Heiligen Auferstehung
  - Russisch-orthodoxe Kirchengemeinde zum Heiligen Nikolaus
  - Serbisch-griechisch-orientalische Kirchengemeinde zum Heiligen Sava
- Islamische Glaubensgemeinschaft in Österreich
- Islamische Alevitische Glaubensgemeinschaft in Österreich
- Israelitische Religionsgesellschaft
- Jehovas Zeugen
- Katholische Kirche
  - Römisch-katholischer Ritus
  - Griechisch-katholischer Ritus
  - Armenisch-katholischer Ritus
- Kirche Jesu Christi der Heiligen der Letzten Tage (Mormonen) in Österreich
- Koptisch-orthodoxe Kirche in Österreich
- Neuapostolische Kirche in Österreich
- Österreichische Buddhistische Religionsgemeinschaft
- Syrisch-orthodoxe Kirche in Österreich

Folgende Glaubensgemeinschaften gelten in Österreich als staatlich eingetragene religiöse Bekenntnisgemeinschaften:
- Alt-Alevitische Glaubensgemeinschaft in Österreich

- Bahá'í Religionsgemeinschaft in Österreich
- Die Christengemeinschaft – Bewegung für religiöse Erneuerung in Österreich
- Hinduistische Religionsgesellschaft in Österreich
- Islamische-Schiitische Glaubensgemeinschaft in Österreich
- Kirche der Siebenten-Tags-Adventisten
- Pfingstkirche Gemeinde Gottes in Österreich.

Religiöse Vielfalt in Österreich – ein kleiner Ausschnitt

Um Ihnen einen Eindruck der Vielfalt der Religionen in Österreich zu vermitteln, möchten wir Ihnen in aller Kürze fünf anerkannte Religionsgemeinschaften Österreichs vorstellen. Informationen zu allen weiteren staatlich anerkannten Glaubensgemeinschaften und eingetragenen religiösen Bekenntnisgemeinschaften finden Sie auf der Amtshilfe-Website des Bundeskanzleramts: bit.ly/LlHNly.

Römisch-katholische Kirche Österreichs

Die katholische Kirche ist eine religiöse Gemeinschaft von Menschen, die an Jesus Christus glauben. Für sie hat Christus durch seinen Tod am Kreuz die Menschen von ihrer Schuld erlöst. Wesentlich für das Christentum sind der Glaube an einen bedingungslos liebenden Gott in der Wesenseinheit von Vater, Sohn und Heiligem Geist (Dreifaltigkeit), das Bekenntnis zu Jesus Christus, die Gemeinschaft der Gläubigen und der Glaube an das ewige Leben.

Unter den christlichen Glaubensgemeinschaften (katholische, orthodoxe, protestantische und anglikanische Kirche) ist die römisch-katholische Kirche die größte mit etwa 1,2 Milliarden Mitgliedern weltweit. In Österreich ist die römisch-katholische Kirche mit 5,4 Millionen Mitgliedern die größte gesetzlich anerkannte Glaubensgemeinschaft. Sie bildet mit über 3.000 Pfarren nicht nur ein dichtes Netz der Solidarität, sondern ist damit zugleich auch einer der größten Arbeitgeber im Land. Der christliche Glaube hat die Geschichte und die Kultur Österreichs entscheidend geprägt und ist heute noch für die meisten ÖsterreicherInnen eine Lebensrealität.

Relevante Feiertage: Österreichischer Feiertagskalender; Sonntag wird als Ruhetag gesehen und sollte arbeitsfrei sein.

Link zur katholischen Kirche Österreichs: bit.ly/LDJeT0.

Evangelische Kirchen Österreichs

2017 wird die protestantische Welt das 500-jährige Jubiläum der Reformation begehen. Im Jahr 1517 schlug der Augustinermönch Martin Luther seine 95 Thesen über den Ablasshandel an die Schlosskirche von Wittenberg an. Diese Thesen fanden großen öffentlichen Widerhall, der die Reformation auslöste. Es kam zum Ausschluss der AnhängerInnen der Reformation aus der römisch-katholischen Kirche, was schließlich zur Gründung der protestantischen Kirchen führte.

In der Glaubenslehre gibt es zwischen der evangelischen und katholischen Kirche viele Ähnlichkeiten. Allerdings orientiert sich die evangelische Kirche im Gegensatz zur katholischen Kirche ausschließlich an der Heiligen Schrift.

Ein wesentliches Unterscheidungsmerkmal zur katholischen Kirche liegt im Amtsverständnis und dem damit zusammenhängenden unterschiedlichen Weihecharakter. In der Evangelischen Kirche gibt es keine besonderen Weihen, es gibt allerdings die Ordination in das geistliche Amt, die Sendung, Segnung und Beauftragung bedeutet. Weiters gibt es in der Evangelischen Kirche seit 1980 die völlige Gleichberechtigung der Frauen in allen Ämtern und Funktionen. Es gibt zwei Sakramente: die Taufe und das Abendmahl.

Heute leben in Österreich rund 299.599 evangelische ChristInnen. Die Evangelische Kirche A.B. (evangelisch-lutherisch) umfasst etwa 297.665 Personen in 195 Pfarrgemeinden, der Evangelischen Kirche H.B. (evangelisch-reformiert) gehören ca. 1.934 Menschen in neun Pfarrgemeinden an.

Relevante Feiertage: Österreichischer Feiertagskalender; besonderer Schwerpunkt auf Karfreitag (kein Arbeitstag) und Reformationstag (31. Oktober).

Link zu den evangelischen Kirchen Österreichs: bit.ly/KC38J9.

Islamische Glaubensgesellschaft

Der Islam ist wie das Christentum und Judentum eine monotheisti-sche Religion, das heißt, er kennt nur einen Gott. Für Musliminnen und Muslime ist Allah der allmächtige Gott und Mohammed ist sein Prophet. Vom Gottesbild der Christen unterscheidet sich der Islam darin, dass er sich von der Dreifaltigkeit Gottes abgrenzt und Jesus nicht als Gottes Sohn, sondern als Propheten betrachtet. Die Fünf Säulen des Islams (islamisches Glaubensbekenntnis, Pflicht-gebet, Armengabe, Fasten im Ramadan und die Pilgerfahrt nach Mekka) bilden die Hauptpflichten der Gläubigen. Der Koran und die Berichte (Hadithe) über die Verhaltensweisen des Propheten Mohammed regeln nicht nur das religiöse Leben, sondern auch den Alltag. Die Musliminnen und Muslime beten fünfmal am Tag (Gebet vor Sonnenaufgang, Mittagsgebet, Nachmittagsgebet, Gebet nach Sonnenuntergang und Gebet von Einbruch der Dunkelheit bis vor Beginn der Morgendämmerung), unabhängig ob Sommer oder Winter.

Mit ca. 1,5 Milliarden Gläubigen ist der Islam weltweit die zweit-größte Religion nach dem Christentum. In Österreich leben 515.914 Musliminnen und Muslime (ca. 6 Prozent der Bevölkerung). Öster-reich ist innerhalb der EU das einzige Land, das den Islam offiziell anerkannt und ihm den Status einer Religionsgemeinschaft verlie-hen hat. Eine Besonderheit, die historische Gründe hat, denn als 1908 Österreich-Ungarn das Gebiet von Bosnien und Herzegowina annektierte, gliederte es damit auch eine große muslimische Bevöl-kerung ein, was dazu führte, dass 1912 das Islamgesetz erlassen und der Islam anerkannt wurde.

Laut einer IFES-Studie schätzt sich in Österreich die muslimi-sche Bevölkerung erheblich religiöser als die nichtmuslimische Bevölkerung ein. Halten sich 38 Pozent der ÖsterreicherInnen für religiös, so sind es in der ersten Generation der Musliminnen und Muslime ca. 80 Prozent. Diese starke Religiosität nimmt zur zweiten und dritten Generation hin deutlich ab. (Quelle: bit.ly/1d25DVZ)

Relevante Feiertage: Das Fastenbrechenfest (nach dem Ende des Ramadan, dauert drei Tage) und das Opferfest sind die eigentlichen Feste im Islam. Den islamischen Kalender berechnet man nach dem Mond, aus diesem Grund verschieben sich die islamischen Feiertage jedes Jahr zehn- oder elf Tage nach vorne. Findet 2014 das Ramadanfest am 28. Juli statt, wird es 2015 am 18. oder 19. Juli stattfinden und in etwa 15 Jahren wird es ca. im Jänner sein.

Link zur Islamischen Glaubensgemeinschaft Österreichs: bit. ly/1i8cDRD.

Israelitische Kultusgemeinde (Judentum) Österreichs

Die jüdische Religion basiert auf den religiösen Überlieferungen des jüdischen Volkes. Moses hat am Sinai die gesamte Tora von Gott erhalten, darin ist auch der Bund beschrieben, den Gott mit dem jüdischen Volk geschlossen hat. Diesen Bund ging Gott mit Abraham (und seiner Familie) ein. Wenn die Jüdinnen und Juden diesen Bund halten, werden sie Gottes auserwähltes Volk, ein heiliges Volk sein. Jüdinnen und Juden erwarten den Messias, der ein menschliches und nicht göttliches Wesen sein wird. Mit seinem Kommen verbinden sie die Erlösung des gelobten Landes von allem Unheil.

Im Jahr 2010 lebten weltweit etwa 13,5 bis 15 Millionen Jüdinnen und Juden, die meisten in Israel und in den USA. In Österreich zählte die jüdische Gemeinde 2001 insgesamt 8.140 Mitglieder. Jüdin bzw. Jude wird man entweder durch Geburt, sofern die Mutter Jüdin ist, oder durch Übertritt zum jüdischen Glauben.

Relevante Feiertage: Die drei höchsten Feiertage sind der Versöhnungstag Jom Kippur (September/Oktober, kein Arbeitstag, wenn ArbeitnehmerIn spätestens eine Woche vorher die Freistellung beantragt), das Neujahrsfest Rosch Haschana (September/Oktober) und das Pessach Fest – Auszug von Ägypten (März/April). Der jüdische Kalender ist ein Lunisolarkalender, das heißt, die Monate sind wie bei einfachen Mondkalendern an den Mondphasen ausgerichtet.

Link zur Israelitischen Kultusgemeinde (Judentum) Österreichs: bit.ly/KRb10L.

Buddhistische Religionsgemeinschaft Österreichs

Der Buddhismus ist eine Lehre, deren Begründer, Siddharta Gautama, als Buddha, der Erwachte, bezeichnet wird. Ihr Wesen besteht darin, dass man aus eigener Kraft zu Einsicht und Weisheit gelangt, was letztendlich zur Befreiung führt, und nicht durch die Offenbarung eines Gottes. Der Buddha ist auch kein Gott, Heiland oder Prophet, sondern Mensch. Die Lehre des Buddhas kurz dargestellt besagt: Heilsames Entstandenes zu entfalten, Heilsames nicht Entstandenes entstehen zu lassen; Unheilsames Entstandenes aufzulösen und Unheilsames nicht Entstandenes nicht entstehen zu lassen. Das Leben gilt als unvollkommen und leidhaft, Ziel ist die Überwindung des ständigen Kreislaufes von Wiedergeburt durch Enfaltung von absoluter Weisheit, was gleichbedeutend mit Nirvana ist. Nirvana ist kein Ort, sondern ein Zustand, der keine weitere Wiedergeburt bedingt, oder diese freiwillig (Mahayana) aus Mitgefühl mit den leidenden Wesen geschehen lässt, um diesen zu helfen.

Kern der Lehre Buddhas sind die Vier Edlen Wahrheiten. Der achtfache Pfad ist die vierte der Vier Edlen Wahrheiten und beschreibt den Weg zum Gewinn der Erlösung (Nirwana).

Weltweit bekennen sich 350 Millionen Menschen zur buddhistischen Religion, davon leben etwa 20.000 bis 25.000 in Österreich. Österreich ist das erste europäische Land, in dem der Buddhismus als Religionsgemeinschaft staatlich anerkannt wurde (1983).

Relevante Feiertage: Vesakh Fest am ersten Tag des Vollmondes im Mai ist der höchste buddhistische Feiertag (Geburt, Erleuchtung und Eingang ins Parinibbana des Buddha Siddharta Gautama), Asalha Puja Fest am Tag des Vollmondes im Juli (erste Rede Buddhas vor seiner Gefolgschaft).

Link zur Österreichischen Buddhistischen Religionsgesellschaft: bit.ly/1a6kxZW.

Säkularität: Ist Religion Privatsache?

Österreich gilt als säkulares Land, das heißt, es gilt die Trennung von Kirche und Staat. In einer säkularen Gesellschaft sind Religion und Weltanschauung Privatsache und in vielen Firmen spielt die Religionszugehörigkeit daher auch nur eine untergeordnete Rolle. Andererseits ist Religionsfreiheit ein verfassungsrechtlich geschütztes Grundrecht und aus diesem Blickwinkel reicht die religiöse Sphäre in vielerlei Hinsicht in die Arbeitswelt hinein. Letztendlich muss sich jedoch das religiöse Verhalten den staatlichen Gesetzen unterordnen.

Herausforderungen der Dimension Religion

Feiertage

Wer auf den österreichischen Jahreskalender blickt, kann erkennen, dass es neben den drei säkularen Feiertagen am 1. Jänner (Neujahr), 1. Mai (Staatsfeiertag) und 26. Oktober (Nationalfeiertag) noch weitere zehn kirchliche Feiertage gibt, die sich vom katholischen Glauben ableiten. Diese Feiertage gelten nach § 7 Arbeitsruhegesetz (Feiertagsruhe) „absolut", also für alle ArbeitnehmerInnen des Landes. Für ProtestantInnen, AltkatholikInnen und MethodistInnen gilt der Karfreitag als gesetzlicher Feiertag. Evangelischen Gläubigen muss auch der Besuch des Gottesdienstes am Reformationstag am 31. Oktober ermöglicht werden.

Obwohl sowohl seitens der Islamischen Glaubensgemeinschaft (IGGiÖ) als auch seitens der jüdischen Gemeinde der Wunsch nach gesetzlichen Feiertagen geäußert wird, sind diese aktuell in Österreich nicht vorgesehen. Für Jüdinnen und Juden gilt der Versöhnungstag (Jom Kippur) laut Generalkollektivvertrag als arbeitsfreier Tag (mit gewissen Auflagen). Islamische Feiertage sind gesetzlich nicht geregelt. (Muslimische SchülerInnen sind zu den islamischen Feiertagen vom Unterricht befreit.)

Anregungen für den betrieblichen Alltag

Mittels interkulturellen Kalenders und rechtzeitiger Absprachen mit den ArbeitnehmerInnen können Urlaubsansprüche planbar gemacht werden. Feiertage können sich auch gut eignen, um an diesen Tagen Überstunden abzubauen – und nebenbei die Vielfalt im Unternehmen wertzuschätzen.

Interkultureller Kalender der Stadt Wien zum Download: <u>bit. ly/1gz8V2Y</u>.

Sichtbare Zeichen der Religion – die Kopftuchdebatte

Das Spannungsfeld zwischen Arbeitswelt und Religion wird am Beispiel religiös begründeter Kleidungsvorschriften wohl am häufigsten diskutiert. So war vor allem das Kopftuch (Hidschab) in den vergangenen Jahren Gegenstand sehr emotional geführter Debatten.

 Im Rahmen der 2013 durchgeführten IFES-Studie wurden 1.000 Musliminnen und Muslime mit türkischem und bosnischem Migrationshintergrund in Österreich zum Thema „Kopftuch" befragt. Für die Mehrheit der muslimischen Männer (56 Prozent) liegt die Entscheidung darüber, ob eine Muslimin ein Kopftuch tragen soll, bei der Frau. 16 Prozent meinen, dass ihre Frau auf jeden Fall ein Kopftuch tragen sollte bzw. muss, 13 Prozent halten dies in der Öffentlichkeit für nicht notwendig.

Nach EU-Recht gibt es dafür klare Regeln: Religionszugehörigkeit darf zu keiner Diskriminierung am Arbeitsmarkt führen. Das Einhalten religiöser Bekleidungsvorschriften ist Teil der Religionsausübung und daher geschützt. Auch die österreichische Rechtslage kennt keine „Kopftuchverbote". Ein grundsätzliches Verbot des Hidschab verstößt gegen das Diskriminierungsverbot nach dem Gleichbehandlungsgesetz. So hat etwa der EGMR (Europäische Gerichtshof für Menschenrechte) entschieden, dass das Tragen eines Kopftuchs bzw. eines in der Sikh-Religion üblichen Turbans als ein religiös motivierter Akt zu werten ist. Die Untersagung, ein die Religionszugehörigkeit repräsentierendes Symbol zu tragen – auch eine Kappe, wenn damit einer Glaubensverpflichtung entsprochen wird – sowie die an deren Nichtbefolgung geknüpften Sanktionen stellten eine Beschränkung des Rechts der Betroffenen auf Manifestation ihrer Religion nach Art. 9 Abs. 2 MRK dar. (EGMR 30.6. 2009, Bsw 43563/08; BKA RIS-Justiz RS0127397).

Rainer Wanderer, arbeitsrechtlicher Berater in der Kammer für Arbeiter und Angestellte Wien, schreibt, dass es aufgrund des Gleichbehandlungsrechts erforderlich ist, *„einen Interessenausgleich zwischen unterschiedlichen Religionen und Weltanschauungen zu finden, welcher dem Antidiskriminierungsgedanken entspricht"* (Quelle: bit.ly/1eOBmIu).

Allerdings können betriebliche Bedürfnisse Ausnahmen rechtfertigen. Arbeitskleidung muss den Erfordernissen der Tätigkeit entsprechen und derart beschaffen sein, dass durch die Kleidung keine Gefährdung der Sicherheit und Gesundheit entstehen kann (§ 71 ASchG). Branchenübliche Kleidung als Pflicht kann ausdrücklich im Arbeitsvertrag oder in einer Betriebsvereinbarung festgelegt werden (jedoch keine Diskriminierung aufgrund des Tragens eines Kopftuches). Die ArbeitnehmerInnen haben bestimmte Weisungen zu befolgen, sofern sich ein Zusammenhang mit den betrieblichen Interessen herstellen lässt (Grenze: Verletzung von Persönlichkeitsrechten).

Zeiten und Orte für Gebete

Wenn Gebetszeiten für praktizierende Gläubige in die Arbeitszeit fallen, könnte es zu Konflikten kommen, vor allem wenn es im Betrieb am interkulturellen oder interreligiösen Dialog fehlt. Der Freitag ist zweifellos der wichtigste Wochentag im Leben der Musliminnen und Muslime und das Freitagsgebet ist für männliche Muslime obligatorisch. Wobei Unternehmen grundsätzlich nicht dazu verpflichtet sind, Religionsausübung während der Arbeitszeit zu gewähren oder Gebetsräume zur Verfügung zu stellen. Der Oberste Gerichtshof hat 1996 (27.3.1996 9 ObA 18/96) – also noch vor Umsetzung der neuen EU-Diskriminierungsverbote im Jahr 2004 – zum Thema Gebete während der Arbeitszeit auf den § 8 Arbeitsruhegesetz verwiesen. Darin kommt zum Ausdruck, dass die zur Ausübung religiöser Pflichten erforderliche Freizeit zu gewähren ist, wenn die Freistellung von der Arbeit mit den Erfordernissen des Betriebes vereinbar ist.

Im Sinne eines Entgegenkommens empfiehlt es sich jedoch, den ArbeitnehmerInnen durch individuell vereinbarte Pausenregelungen für Gebete oder durch Gleitzeitmodelle entgegenzukommen.

So bietet der Metallverarbeiter **Berndorf AG** im Rahmen seiner aktiven Integrationspolitik praktizierenden Muslimen unter den Mitarbeitern an, für das Freitagsgebet ihren Arbeitsplatz für eine Stunde verlassen zu können. Die Arbeit wird nachgeholt.

Bei **IBM**, bei der Diversität eine lange Tradition hat und Religion unter „kultureller Vielfalt" läuft, können laut Dagmar Gaugl, IBM-Diversitätsbeauftrage, MitarbeiterInnen aufgrund der sehr flexiblen Arbeitszeiten sich an den entsprechenden religiösen Feiertagen frei nehmen. Dem Bedarf nach Gebetsräumen wird mit Erholungsräumen/Rückzugsräumen nachgekommen, das heißt, es besteht die Möglichkeit für MitarbeiterInnen, einen Erholungsraum z. B. zum Meditieren oder auch zum Beten zu nutzen.

 Laut McKinsey-Erhebung ist es entscheidend, als Unternehmen konkrete Ziele bei der Stärkung der Diversität zu haben. Zu den Basismaßnahmen gehört neben dem Abbau physischer Barrieren auch das Schaffen diverser notwendiger Einrichtungen (Gebetsräume, vegetarisches/schweinefleischfreies Kantinenessen, Parkplätze für Menschen mit Behinderung etc.). Nur so hätten Firmen bei der Suche nach Talenten einen klaren Vorteil gegenüber traditionell aufgestellten Unternehmen.

Fastenmonat Ramadan – mögliche Maßnahmen im Betrieb

Der Fastenmonat der Musliminnen und Muslime heißt Ramadan und für ihn gilt, dass jeder/jede erwachsene und gesunde Gläubige im neunten Monat des islamischen Mondkalenders vier Wochen lang von Sonnenaufgang bis Sonnenuntergang auf Essen, Trinken und Rauchen verzichten muss. Der Ramadan endet mit dem Fest des Fastenbrechens, *Eid-al-Fitr* oder *Bayram* (Zuckerfest), das in den ersten zwei bis vier Tagen des Folgemonats gefeiert wird.

Der Verzicht auf Essen und Trinken während des Ramadans von der Morgen- bis zur Abenddämmerung wirkt sich grundsätzlich nicht schädlich auf die Gesundheit aus und hat auch nicht unbedingt negative Auswirkungen auf die Leistung der Fastenden. Allerdings kann es in einigen Fällen zu Kreislaufproblemen, Erschöpfung, Konzentrationsschwierigkeiten oder verlangsamten Reaktionszeiten kommen.

 Der Islamischen Glaubensgemeinschaft in Österreich zufolge soll während der Fastenzeit mit dem gleichen Elan gearbeitet werden wie sonst auch, denn Fasten soll nicht zu Müßiggang führen, sondern im Gegenteil zu Konzentration in allen Aktivitäten.

Damit das Unfallrisiko in der muslimischen Fastenzeit nicht steigt und die MitarbeiterInnen auch während des Ramadans gesund und sicher arbeiten können, empfiehlt es sich, vor dem Ramadan gemeinsam mit den betroffenen ArbeitnehmerInnen nach Lösungen zu suchen, wie die betrieblichen Beeinträchtigungen gering bleiben. Folgende Aspekte können dabei beachtet werden:
• Abstimmen des Schichtplans auf die Bedürfnisse der Fastenden
• Flexible Arbeitsgestaltung am Morgen und am Abend
• Flexible Öffnungszeiten von Kantinen
• Besondere Berücksichtigung von Urlaubsanfragen von Musliminnen und Muslimen in dieser Zeit
• Als Zeichen des Respekts – Verzicht auf gemeinsame Essenspausen während der Fastenzeit

Bei *Ikea* Deutschland findet sich auf der Homepage zum Umgang mit dem Ramadan und dem abendlichen Fastenbrechen ein Hinweis zur Umsetzung von flexiblen Kantinenöffnungszeiten. Bei der Firma *Simacek* gehört der Ramadan zum Betriebsleben. Rund 70 Prozent der 1.500 MitarbeiterInnen in Wien haben Migrationshintergrund. Zum Ramadan werde bei der Personaleinteilung Rücksicht auf die geringere körperliche Belastbarkeit genommen, so Ina Pfnciszl, Verantwortliche für Corporate Social Responsibility.

Religion und ArbeitnehmerInnenschutz

Im Bereich Arbeitsschutz werden zukünftig ein verstärktes Wissen um gelebten Glauben und praktische Anlassfälle zu mehr Achtsamkeit im Umgang miteinander und zu einer Verbesserung des ArbeitnehmerInnenschutzes führen.

Ein Beispiel zur Verdeutlichung: In einem Fleisch verarbeitenden Betrieb verletzte sich eine Arbeitnehmerin bosnischer Herkunft und muslimischen Glaubens. Obwohl eine ausreichende Anzahl von männlichen Ersthelfern zur Verfügung stand, hielt die Arbeitnehmerin den Unfall geheim und begab sich, ohne im Betrieb Bescheid zu sagen, ins Krankenhaus. Wie sich im Nachhinein herausstellte, war es für sie aus religiösen Gründen unmöglich, einen der männlichen Ersthelfer um Hilfe zu ersuchen. Der Arbeitgeber reagierte auf diesen Vorfall mit der Zusage, eine genügend große Anzahl von Arbeitnehmerinnen zu Ersthelferinnen ausbilden zu lassen. (Quelle: Good Practice, Arbeitsinspektorat Klagenfurt)

Im „modernen" gender- und diversitygeleiteten ArbeitnehmerInnenschutz kann solch ein Anlassfall in die Frage einfließen: *„Sind weibliche und männliche ErsthelferInnen mit migrantischem Hintergrund und verschiedenen Sprachkenntnissen eingesetzt?"* Dadurch sollen UnternehmerInnen, MitarbeiterInnen und vor allem die mit der Arbeitssicherheit im Betrieb Betrauten für religiöse Auswirkungen im Arbeitsbereich sensibilisiert werden, um einen wirksamen Sicherheits- und Gesundheitsschutz gewährleisten zu können.

Grundlegende Kennzahlen für die Dimension Religion

Die Frage nach dem Religionsbekenntnis ist in Österreich erlaubt und kann im Rahmen einer kulturellen Offenheit eines Unternehmens dazu dienen, die unterschiedlichen religiösen Bedürfnisse der MitarbeiterInnen zu berücksichtigen, wie beispielsweise gesetzliche Feiertage, Gebetszeiten, Gebetsräume oder Ernährungsgewohnheiten. Daher gibt es auch in der Dimension Religion einige Kennzahlen, deren Erhebung relevant sein kann. Folgende Zahlen sollten berücksichtigt werden:

- Welche Religionen sind im Unternehmen vertreten?
- Die Anzahl der MitarbeiterInnen je Religion

In diesem Zusammenhang sollten u. a. auch noch folgende Fragen beantwortet werden:

- Werden religiöse Bedürfnisse der MitarbeiterInnen wertgeschätzt und werden Rahmenbedingungen geschaffen, in welchen Arbeit und Religion zu keinem Widerspruch führt?
- Gibt es eine Person/Ansprechstelle, die in interreligiösen Themen versiert ist?

Religion: Gesundheit und Prävention

Im Sinn einer funktionalen Definition von Religion kann auch die Frage gestellt werden, welche Leistungen Religion im (beruflichen) Alltag der Menschen insgesamt einbringt.

Vor allem in einer Zeit, wo unter anderem die Fehltage aufgrund psychischer Belastungen stetig ansteigen, ist es besonders wichtig, dass sich Mitarbeiter und Mitarbeiterinnen mit dem Unternehmen identifizieren können. Dazu gehört es von Seiten der ArbeitgeberInnen auch, kulturelle und religiöse Unterschiede innerhalb der Belegschaft zu erkennen und wertzuschätzen. Unternehmen, die im Rahmen des Arbeits- und Gesundheitsschutzes religiöse Werte bei der Gestaltung der Arbeitsbedingungen berücksichtigen, erleben langfristig eine größeren Identifikation und Zufriedenheit der MitarbeiterInnen und sichern so auch den wirtschaftlichen Erfolg des Unternehmens. (Quelle: bit.ly/1iv9fRv)

In einer von uns durchgeführten Umfrage wurde die an ReligionsvertreterInnen unterschiedlicher Glaubensrichtungen gestellte Frage, ob Religion und Religiosität positive Auswirkungen auf die Gesundheit haben können, durchgängig zustimmend beantwortet.

Wenn ich glaube, kann es mir besser gehen

In gewisser Weise bietet uns Religiosität ein einzigartiges Hilfsmittel, unser Leben zu meistern. Das in der (Religions-)Psychologie genannte „Coping" (Alltagsbewältigung) hilft Menschen, mit den

Zumutungen, Belastungen und Bedrohungen des Alltags besser fertig zu werden. Studien haben gezeigt, dass eine stärkere religiöse Engagiertheit mit einem besseren Gesundheitsstatus sowohl bei Frauen als auch bei Männern einhergeht. Dabei gibt es auch keinen Unterschied, ob man Christ oder andersgläubig ist.

Der Glaube vermittelt auch immer eine Beziehung, das heißt, im Glauben hat der oft beziehungslose Einzelne die Möglichkeit, sich selbst zu relativieren. Der Arzt und Wissenschaftler T. E. Oxmann zeigte in einer Studie über Mortalität nach Herzoperationen bei Menschen über 55 Jahren, dass jene PatientInnen, die keine Kraft aus der Religion schöpften, eine dreimal höhere Sterblichkeit aufwiesen. Teil einer Gruppe zu sein ist überlebenswichtig und der Mangel an sozialer Unterstützung oder nicht Teil einer Gruppe zu sein steht in einer Beziehung zur erhöhten Sterblichkeit nach solch schwerwiegenden Operationen.

Die Analyse der Daten der National Longitudinal Study of Adolescent Health, an der 10.000 Jugendliche teilgenommen haben, zeigt, dass die gute Einbindung in eine religiöse Gemeinschaft nachweislich die Resilienz erhöht. So werden auch nach der Psychologin Ruth Smith geistige Ressourcen, die in tiefer Gläubigkeit, regelmäßigem Beten und im Meditieren liegen können, und das Zusammengehörigkeitsgefühl in religiösen Gemeinschaften oder Kirchengemeinden durchwegs als Quellen der Resilienz gesehen.

 Durch Meditation wird Stress rascher verarbeitet, was eine größere Flexibilität gegenüber sich verändernden Umweltbedingungen ermöglicht. Die Auswirkungen auf die Gesundheit zeigen sich vor allem in der Senkung eines erhöhten Blutdruckes, was Herzinfarkt und Schlaganfall vorbeugt. Nervosität, Reizbarkeit, depressive Verstimmtheit und Labilität nehmen ab. Gelassenheit, Durchsetzungskraft, Spontaneität, Tatkraft und gute Laune nehmen zu. Wie für die Religion gilt auch bei der Meditation: Die Heilwirkung ist dann gegeben, wenn nicht zielgerichtet meditiert wird, das heißt, es geht um das Loslassen, in der Stille zu sein und in Kontakt mit meinem „Inneren Selbst" („Seele") zu sein.

In wirtschaftlichen Krisenzeiten sind Menschen enormen Stressbe-lastungen ausgesetzt, die häufig zu einem emotionalen Ausgebrannt-sein (Burnout) führen können. Wird der Selbstwert eines Menschen nur über Erfolg definiert, kann er in höchstem Maße gefährdet sein, in solch einer Situation den Boden unter den Füßen zu verlieren. Als wesentliches Element einer solchen Dynamik tauchen Gedan-ken auf wie: *ich schaffe es nicht, ich kann nicht mithalten, ich will nicht mehr.* Wenn Menschen religiös verwurzelt sind, sodass sie ihre Wirklichkeit in einem größeren, transzendenten Zusammenhang sehen können, wenn sie glauben, dass sie das, was sie belastet, ab-geben können, dass es eine Kraft und eine Gemeinschaft gibt, die ihnen zuspricht und ihnen den Rücken stärkt, dann könnte die in-nere Balance leichter wiedergefunden werden.

Rituale als Heilbad

Trotz oder vielleicht gerade wegen der vielen Veränderungspro-zesse erhält das Wiederholbare – das Ritualisierte – wieder einen höheren Stellenwert in unserem Leben. Denn Rituale geben uns Orientierung und entlasten uns von unserem Stress. Auch in Or-ganisationen sind Rituale von großer Bedeutung. Sie entlasten uns vom Gefühl, alles selber leisten zu müssen.

Religiöse Rituale können, wie Superintendent Manfred Sauer es formuliert, *„wie ein Heilbad wirken"*. Sie ermöglichen es, uns in bestimmte Formen fallen zu lassen, die wir übernommen haben, die wir vielleicht ein bisschen verändern und modifizieren. Uns steht damit ein Handlungsrahmen zur Verfügung, in welchem wir vor-kommen, aber nichts mehr leisten müssen. In rituellen Handlungen erhalten wir Zuwendung und Zuspruch. Sie können strukturieren, reinigend wirken, Reflexionen und im besten Fall eine Neuausrich-tung ermöglichen.

Religiöse Vielfalt beim Essen und Fasten

Eine ausgewogene Ernährung als Teil eines gesundheitsförderlichen Lebensstils ist ein wesentlicher Grundpfeiler und eine Vorausset-zung für Gesundheit. So haben internationale Studien gezeigt, dass

7 der 15 Hauptrisikofaktoren für Krankheit und Tod in die Bereiche Ernährung und Lebensstil fallen. Damit stellen sie wichtige Ansatzpunkte für die Gesundheitsförderung und Primärprävention dar. Schätzungen der WHO gehen davon aus, dass chronische Erkrankungen im Jahr 2020 für mehr als drei Viertel aller Todesfälle in den Industriestaaten verantwortlich sein könnten. Die Ernährung spielt in der Entwicklung dieser Krankheiten eine wesentliche Rolle. (Quelle: BMG, Nationaler Aktionsplan Ernährung 2013)

So wie Ernährung und Gesundheit zusammengehören, sind auch seit frühester Zeit Essen und Religion verbunden. Denn Essen ist nicht nur ein naturgegebener Vorgang, um ein Grundbedürfnis zu stillen, sondern stärkt die Gemeinschaft.

Riten, Vorschriften und Tabus prägen religiöse Gemeinschaften, definieren dabei, wer dazugehört und wer nicht, und sind somit Teil der religiösen Identität. Diese Vorschriften haben sowohl im Alltag als auch für Festtage und Fastenzeiten Geltung.

Unterschiedliche Religionen haben seit Jahrtausenden unterschiedliche Essensgewohnheiten herausgebildet, die über sogenannte religiöse Essensvorschriften oder -empfehlungen von den Gläubigen in ihren Alltag integriert werden. Aufgrund der Beschäftigten mit vielfältigen kulturellen und religiösen Hintergründen beginnen sich diese Gepflogenheiten nun auch immer stärker auf das Speisenangebot in den Kantinen auszuwirken. So ist das Beachten unterschiedlicher Essgewohnheiten beispielsweise von Menschen jüdischen und islamischen Glaubens ein Zeichen der Wertschätzung.

Die Regel „Du bist, was du isst" ist auch nicht die Idee einer modernen alternativen Ernährung, sondern eine uralte religiöse Begründung von Reinheitsgeboten und Ekelvorstellungen. Durch die Nahrung können Substanzen in den Körper gelangen, weshalb kritisch hinterfragt wird, was überhaupt in den Körper gelangen darf. Die Nahrung wird daher auf eine ganz bestimmte religiös-kulturelle Weise ausgewählt und behandelt, oft mit der Vorstellung, dass der Mensch von den Folgen seines Essens heimgesucht wird.

Eine wichtige religiöse, aber auch kulturelle Unterscheidung stellt die Einteilung in „reine" und „unreine" Nahrung dar. Bestimmte Tiere, aber auch Pflanzen werden als „unrein" betrachtet und damit ist ihre Verwendung als Speise tabuisiert. Es gibt aber auch die Unterteilung in „gute" und „schlechte" Nahrung. Bestimmte Lebewesen und Pflanzen dürfen in manchen Religionen nicht gegessen werden, weil damit gegen ethisch-moralische Normen verstoßen würde, denn wer ein anderes Lebewesen tötet, um es zu essen, begeht eine für das Karma nachteilige Handlung. Vegetarische und vegane Ernährung beruhen auf diesen Prinzipien.

So ist beispielsweise im **Islam** halal (erlaubt), was nicht ausdrücklich haram (verboten) ist. Haram ist Schweinefleisch, nicht nach islamischer Vorschrift geschlachtetes, nicht ausgeblutetes Fleisch, tierische Fette, Gelatine, Alkohol (auch Nahrungsmittel mit Alkoholbeimengung wie z. B. Schokolade).

Die Speisevorschriften im **Judentum** sind in den Kaschrut-Gesetzen festgehalten. Koscher ist geeignet, rein, tauglich, unter rabbinischer Aufsicht zubereitet. Treife ist nicht koscher und damit nicht geeignet, wie z. B. Fleisch von Schweinen, Hasen, Pferden, Blut.

Im **Buddhismus** gibt es keine Speisevorschriften, da die Ernährung als Teil des Lebens und nicht isoliert betrachtet wird. Es gibt einen indirekten Verzicht auf Fleisch (Ethik der Gewaltlosigkeit) und der Vegetarismus wird hoch geachtet (Empfehlung von manchen Lehrschriften).

Im **Hinduismus** erfolgt die Einteilung der Nahrung in rein (shudda) und unrein (ashuddha). Es gilt eine strikte Sauberkeit bei der Zubereitung von Speisen. Wenig Fleisch – kein Rind (heiliges Tier), Kalb, Büffel. Es gilt das Gebot des Nichtverletzens und damit eine starke Tendenz zu vegetarischer Ernährung. Eier, Knoblauch, Pilze, Zwiebeln werden oft wegen der Wirkung auf das Bewusstsein gemieden. Alkohol ist meist verpönt.

Im **Christentum** gibt es keine verbindlichen Ernährungsregeln. (Quelle: Interkulturell kompetent. Ein Leitfaden für Ärztinnen und Ärzte, Facultas Verlag)

Der Finanzvorstand der *Berndorf AG* ist sich sicher, dass auch beim Essen Missverständnisse vermieden werden können, zum Beispiel durch klare Kennzeichnung von Zutaten oder „Halal"-zertifizierten Produkten, also erlaubten Speisen, in der Kantine. Auch bei *IBM* wird laut Dagmar Gaugl, Diversitätsbeauftragte bei IBM Österreich, schweinefleischfreies Essen ausgewiesen, und wenn indische KollegInnen nach Österreich kommen, werden mit der Kantine die speziellen Anforderungen besprochen.

Das asketische Motiv des Nahrungsverzichtes durch Fasten ist durch eine teilweise bzw. zeitweilige Reduktion der sonst üblichen Nahrungsmenge gekennzeichnet, um Körper und Geist zu reinigen. Das **Christentum** kennt die Fastenzeit vor Ostern, der **Islam** den Fastenmonat Ramadan, im **Judentum** gibt es die fünf Fastentage (24 Stunden Fasten) und den Jom Kippur (bei Tag wird gefastet, endet mit festlicher Mahlzeit am Abend), im **Hinduismus** wird vor allem als Vorbereitung auf Feste und Rituale gefastet und im **Buddhismus** wird die dreimonatige Regenzeitklausur häufig auch buddhistische Fastenzeit genannt.

In allen Religionen geht es auch darum, im Alltag in Maßen zu essen. Für Christen ist Völlerei eine der sieben Todsünden und auch der Prophet Mohammed erließ eine Regel, dass Musliminnen und Muslime ihren Magen mit einem Drittel Essen und einem Drittel Flüssigkeit füllen, aber das letzte Drittel leer lassen sollten.

Weiterführende Links zu religiösen Speisevorschriften:
Islamische Speisevorschriften: bit.ly/1gAi23s
Jüdische Speisevorschriften: bit.ly/1cuUgEv
Buddhistische Speisevorschriften: bit.ly/1dGgUea
Hinduistische Speisevorschriften: bit.ly/JVNHjZ

Anregungen für den betrieblichen Alltag

- Holen Sie religiöse Basisinformationen zu Nahrung ein.
- Überlegen Sie mit Ihrer Betriebsküche, welche Essensvorschriften Sie langfristig oder zu bestimmten Anlässen umsetzen können.
- Führen Sie eine größere Auswahl von Gerichten ein: vegetarisches Angebot oder Länderwochen (z. B. thailändische Woche).
- Weisen Sie die Speisen (Zutaten) in der Kantine klar aus.
- Verwenden Sie „Halal-Produkte".

Ernährungsgewohnheiten sind grundsätzlich von Land zu Land verschieden und müssen nicht immer religiös begründet sein. Die Berücksichtigung der jeweiligen kulturellen und religiösen Eigenheiten wird jedoch von MitarbeiterInnen sehr geschätzt und schafft ein positives Arbeitsklima.

Zusammenfassung

Zweifellos können religiöses Vertrauen, Handlungen und religiöse Essensvorschriften und -empfehlungen für Menschen gesundheitsfördernd wirken. Religion ist aber keine Wunderdroge und kann auch nicht wie ein Medikament verordnet werden. Sie wie eine Pille einzusetzen würde bedeuten, Religion zu trivialisieren und sie damit zu missbrauchen. Eine Kritik, die auch von einigen Klerikern geübt wird. Religiosität ist auch in ihrer positivsten Form immer nur ein Faktor unter mehreren, die zur Heilung, zum Wohlbefinden führen können.

Ein religiöser Mensch als ArbeitnehmerIn ist ebenso Teil eines Unternehmens wie ein nicht religiöser. Religion ist für viele Beschäftigte Teil ihrer Identität und besonders jene Menschen, die aus einem „fremden" Kulturkreis mit einer anderen Religion entweder für eine befristete Zeit in Österreich einer Arbeit nachgehen oder ständig in Österreich leben, bedeutet es sehr viel, wenn man ihre religiöse Diversität positiv wertschätzt.

So kann ein offenes und ein von aufrichtigem Interesse geleitetes Gespräch über die persönliche religiöse Überzeugung von MitarbeiterInnen und beispielsweise die damit verbundenen Speisevorschriften als Teil eines aktiven Personalmanagements gesehen werden. Dabei ist es hilfreich, über die wesentlichen Grundzüge und Werte einer Konfession Bescheid zu wissen. Über die inhaltliche Beschäftigung mit unterschiedlichen Religionen, Ritualen, Essensgewohnheiten etc. können wir selbst wiederum sehr viel über unsere eigene Religion lernen bzw. unser Wissen auffrischen. Entscheidend sind dabei Interesse, Achtsamkeit, Wertschätzung und Kommunikation.

Unternehmen, welche die kulturelle Offenheit unterstützen, ein Wertesystem im Unternehmen etablieren, das die unterschiedlichen religiösen Bedürfnisse der MitarbeiterInnen berücksichtigt und dieses sowohl im Innen- als auch im Außenverhältnis aktiv leben, können letztendlich von dem Ruf profitieren, ein/e aufgeschlossene/r, moderne/r und tolerante/r ArbeitgeberIn zu sein.

Entwicklung von
Diversity Management (DiM)

Um ein besseres Verständnis für die aktuellen Entwicklungen im Thema Diversity Management zu bekommen, lohnt es sich, einen Blick auf dessen Wurzeln und Geschichte zu werfen.

Die Menschenrechte als Fundament

Der Ursprung von Diversity Management liegt in den wirtschaftlichen und gesellschaftlichen Entwicklungen in den USA. Aufgrund ihrer Geschichte und als Einwanderungsland waren die USA immer von Minderheiten und MigrantInnen geprägt. Man hatte in den USA bis in die 1950er und 1960er Jahre auch eine relativ klare Einstellung dazu: Um einen stabilen Staat zu gewährleisten, war es demnach notwendig, die heterogenen Gruppen mit unterschiedlichen Kulturen und Ethnien an eine homogene Kultur anzupassen. Diese homogene Kultur orientierte sich vor allem an „weiß und männlich". Eine Anpassung erwartete man sich von allen Menschen, die einwanderten, aber auch von den bereits ansässigen Minderheiten. Dieser Ansatz wird in der Regel als Assimilationskultur oder Melting Pot (Schmelztiegel) bezeichnet.

Mit dem Druck, sich anzupassen, geht meist eine Reihe von unterschiedlichsten Diskriminierungen einher. Dies mobilisierte auch in den USA Human-Rights-Bewegungen (Menschenrechtsbewegungen) sowie Frauenrechts- und Bürgerrechtsinitiativen. Die Menschen erhoben ihre Stimmen gegen Diskriminierung und für Gleichbehandlung. Mit dem Erfolg, dass noch in den 1960er Jahren Gesetze verabschiedet wurden, die die Diskriminierung von Menschen aufgrund ihres Geschlechts, ihrer Hautfarbe, ihrer Ethnie oder Religion verboten. Alles Verbote, die bereits 1948 in der „Allgemeinen Erklärung der Menschenrechte" festgeschrieben worden waren. Diese Gesetze wurden in den 1970er Jahren durch Antidiskriminierungsprogramme wie den „Affirmative Action Plan" (AA) und die „Equal Employment Opportunities" (EEO) ergänzt.

Der AA regelte die Bevorzugung von diskriminierten Gruppen vor allem in Bildung und Wirtschaft, um bestehende Benachteiligungen auszugleichen – sozusagen eine „positive" Diskriminierung. Die EEO fordern die Einstellung von Menschen aus den Minderheiten auf allen Hierarchieebenen (sogenannte „Quoten"). Die EEO-Commission überwacht bis heute die Gesetze zur Chancengleichheit und ahndet entsprechende Verstöße.

Diversity Management als Notwendigkeit

Diese gesetzlichen Regelungen und vor allem die Veröffentlichung des Reports „Work Force 2000 – Work and Workers for the Twenty-First Century" vom Hudson Institute (bit.ly/MFwHc0) im Jahre 1987 bewegten schließlich viele Unternehmen und Organisationen dazu, sich mit Vielfalt in der Belegschaft systematisch auseinanderzusetzen. Der Hudson Report zeigte, welche Auswirkungen die demografische Entwicklung in den USA für den Arbeitsmarkt haben werde. Hauptaussage: Ab dem Jahr 2000 werde die bislang dominierende Belegschaftsschicht – „weiße" Männer – dramatisch zurückgehen, Frauen, MigrantInnen und Minderheiten würden zahlenmäßig die Arbeitskräfte der Zukunft darstellen.

Somit waren Unternehmen gewissermaßen gezwungen, sich zu überlegen, wie sie mit der „neuen Vielfalt" umgehen sollten und wie man deren Kompetenzen und Potenzial zum Vorteil des Unternehmens „managen" könne. Damit war Diversity Management (oder Managing Diversity, Diversity oder DiM) als Thema angekommen. Der ursprüngliche Beweggrund der Antidiskriminierung trat daraufhin stark in den Hintergrund.

In der Folge begannen vor allem die großen Firmen in den USA Diversity strategisch zu berücksichtigen und entsprechende Konzepte zu entwickeln. Ende der 1990er Jahre hatten bereits alle bedeutenden Unternehmen, Organisationen, öffentlichen Stellen oder Universitäten Diversity Management (mehr oder weniger gut) integriert.

Über den Atlantik nach Österreich

In den 1990er Jahren kam das Thema Diversity Management auch in Europa an. Ähnlich wie in den USA waren die ersten Schritte im Diversity Management vor allem durch die Antidiskriminierungs-richtlinien der EU geprägt. Diese berücksichtigten zu Beginn vor allem die Dimensionen Geschlecht, Alter und Ethnie. Mit Studien wie etwa „Kosten und Nutzen von Diversity" hat die Europäische Kommission im Jahr 2003 einen weiteren Beitrag zur Etablierung von DiM geleistet.

Im Juli 2004 trat in Österreich ein umfassendes Bundesgesetz zur Gleichbehandlung in Kraft, mit dem das geltende EU-Recht gegen Diskriminierung und für Vielfalt umgesetzt wurde. Menschen mit Behinderung wurden aber erst im Bundes-Behindertengleichstel-lungsgesetz erfasst, welches mit 1. Jänner 2006 Wirksamkeit erlang-te. Beides führte auch dazu, dass DiM vermehrt in den Fokus trat. Stark dazu beigetragen hat aber auch das Aufkommen von Cor-porate Social Responsibility (CSR), in dessen Rahmen die meisten Unternehmen ihr Diversity Management verankern.

DiM in Österreich

Wie in ganz Europa waren es auch in Österreich die großen, meist internationalen Unternehmen, die Diversity Management zuerst auf-griffen. Und auch die großen Ausbildungseinrichtungen wie Uni-versitäten und Fachhochschulen entdeckten Diversity und Gender Mainstreaming vermehrt für Wissenschaft und Lehre.

Bestrebungen wie die österreichische „Charta der Vielfalt" (2010) bestärkten diese Entwicklung. Unter den Erstunterzeichnern finden sich neben international tätigen Konzernen auch österreichi-sche KMUs. Generell ist Diversity Management jedoch noch nicht im gleichen Umfang in Klein- und Mittelbetrieben angekommen.

Eine Studie zur Verbreitung von DiM in Österreich (von Diver-sity Search, factor-D und dem Institut für Höhere Studien) befasste sich daher mit den österreichischen ATX-Unternehmen. 87 Prozent der befragten Unternehmen gaben an, auf personelle Vielfalt zu setzen und diese mit ausgewählten Maßnahmen zu fördern. Demnach wird DiM derzeit vor allem im Recruiting, in der Weiterbildung und im Talentemanagement sowie bei der Verbesserung der Work-Life-Balance eingesetzt. Die am stärksten berücksichtigten Dimensionen sind dabei Geschlecht, Alter und ethnische Herkunft. Dimensionen wie Religion oder sexuelle Orientierungen werden kaum beachtet. Für CSR haben bereits drei Viertel der ATX-Unternehmen ein Konzept, für DiM lediglich 38 Prozent. (Quelle: bit. ly/LRzlPU)

Auch an diesen Zahlen ist gut zu erkennen, dass DiM in Österreich noch Aufholbedarf hat. Gleiches gilt für CSR. Noch wirken manche Unternehmen ein wenig wie das Kaninchen vor der Schlange, aber spätestens wenn z. B. die demografische Entwicklung in den Köpfen der ManagerInnen angekommen ist, wird Diversity Management auch für die noch Zögerlichen weiter an Bedeutung gewinnen.

Weitere Quellen

Zusammenfassung der Studie „Kosten und Nutzen personeller Vielfalt in Unternehmen": bit.ly/MfAxYM

Diversity-Glossar der Universität Duisburg: bit.ly/Lc5sK7

ÖNORM Diversity Management

Diversity Management ist die Norm

Die ÖNORM S 2501 „Diversity Management – Allgemeiner Leitfa
den über Grundsätze, Systeme und Hilfsinstrumente" ist am 1. Jänner 2008 erschienen und ist die weltweit einzige Norm zu Diversitätsmanagement.

Initiiert wurde die Norm von Gabriele Sauberer, Expertin in
Normungs- und Zertifizierungsfragen, im Rahmen des Normungs-
komitees für Corporate Social Responsibility (ON-K 251), geleitet
wurde die Arbeitsgruppe für Diversity Management (AG 251.02)
von Norbert Pauser, Organisationsberater Diversity & Inclusion.
Seit Herbst 2013 können Organisationen ihr Diversity-Manage-
ment-System nach der ÖNORM S 2501 zertifizieren lassen.

Zur Bewertung und Systemzertifizierung werden 19 Auditkriteri-
en herangezogen, die auf der ÖNORM S 2501 basieren. Diese Kriterien sind leicht mit anderen Managementsystemen zu verbinden,
z. B. mit Integrierten Managementsystemen oder mit dem Sicher-
heits- und Gesundheitsmanagementsystem (SGM).

Im Zuge der AUVA-Roadshow „Partnerschaft für Prävention" Anfang 2013 in Österreich wurden Zusammenhänge zwischen betrieblicher Gesundheitsförderung und Diversitätsmanagement vorgestellt und Schnittstellen zwischen Diversity-Management-Systemen
und dem AUVA-SGM aufgezeigt.

Beispiel: Ein bewusster Umgang mit Vielfalt am Arbeitsplatz bedeutet für ArbeitnehmerInnenschutz und betriebliche Gesundheitsförderung, dass sich die Leitung der Organisation z. B. folgende
Fragen stellt:

- Was wird (muss) für Frauen/Männer, Menschen mit/ohne Behinderung, jüngere/ältere ArbeitnehmerInnen mit/ohne Migrationshintergrund präventiv zur Unfallverhütung getan (werden)?

- Wie können alle Betroffenen direkt und proaktiv eingebunden werden?
- Wie kommunizieren wir unsere Ziele und Maßnahmen authentisch und für alle verständlich (intern und extern)?

Besonders deutlich werden die Zusammenhänge zwischen Sicherheits- und Gesundheitsmanagementsystemen (SGM), betrieblicher Gesundheitsförderung (BGF) und Diversity-Management(DiM)-Systemen, wenn ihre Kriterien, ihr Nutzen und ihre Vorteile miteinander verglichen werden.

Beispiel: Gemeinsames Kriterium „Ausreichende Ressourcen-Bereitstellung" (Budget, Personal, Räume, Weiterbildung etc.) für BGF, DiM und SGM

Beispiel: Gemeinsame Kriterien wie „Indikatoren und quantifizierbare Ziele", „interne und externe Kommunikation" etc.

Beispiel: Die Leistungsbereitschaft und Arbeitszufriedenheit von MitarbeiterInnen steigen durch SGM, BGF und DiM, weil
- DiM in der Personalpolitik zur Steigerung der Attraktivität einer Organisation beiträgt. Die Beschäftigten erfahren eine höhere Wertschätzung, was Motivation und Produktivität erhöht sowie unerwünschte Fluktuation und Fehlzeiten verringert.
- Eine gelebte, systematisch betriebene Sicherheits- und Gesundheitsarbeit (BGF, SGM) signalisiert, dass Sicherheit und Gesundheit in der Organisation wichtige Werte sind. Das fördert eigenverantwortliches Verhalten der MitarbeiterInnen.

Die ÖNORM S 2501 Diversity Management – Allgemeiner Leitfaden über Grundsätze, Systeme und Hilfsinstrumente finden Sie unter: Austrian Standards, bit.ly/1bTSU6H.

Das Austrian Standards Zertifizierungsschema AS+C Y04 „Diversity Management" basierend auf den Richtlinien der ÖNORM S 2501 „Diversity Management" finden Sie unter: Austrian Standards, bit.ly/1dGAiG5.

Relevante gesetzliche Grundlagen

Gleichbehandlung und Gesundheit

Im Diversity Management geht es um mehr als um Gleichbehandlung. Die gesetzlichen Grundlagen beziehen sich aber zum größten Teil auf Letztere. Gesetze und Richtlinien zur Gleichbehandlung und Antidiskriminierung finden sich auf drei unterschiedlichen Ebenen: internationales Recht, EU-Recht und österreichische Gesetze.

Im Gesundheitsbereich brachte die Novelle zum ArbeitnehmerInnenschutzgesetz (ASchG) per 1. Jänner 2013 für Unternehmen einige Änderungen. Vor allem gibt es nun Vorgaben für die verbindliche Ermittlung und Beurteilung von psychischen Belastungen am Arbeitsplatz.

Internationales Recht

Gleichbehandlungs- und Antidiskriminierungsgesetze haben im Wesentlichen die 1948 verabschiedete sogenannte „UN Menschenrechtscharta" zur Grundlage. Diese ist unter „Allgemeine Erklärung der Menschenrechte der Vereinten Nationen" – kurz AEMR – besser bekannt.

Diese „Menschenrechte" sind jene Rechte, die jedem Menschen von Natur aus zukommen – unabhängig von „Rasse", Geschlecht, Sprache, Religion etc. Sie dienen der staatlichen Machtbegrenzung und sind auf Positivierung angelegt, das heißt, sie sollen in das staatliche und internationale Recht übernommen und von diesem garantiert werden. Die Menschenrechte sind das einzige verbindliche normative Regelsystem, das weltweit gültig ist. Von den 30 Artikeln der AEMR wollen wir hier drei anführen:

Artikel 1:
Alle Menschen sind frei und gleich an Würde und Rechten geboren. Sie sind mit Vernunft und Gewissen begabt und sollen einander im Geiste der Brüderlichkeit begegnen.

Artikel 2:

Jeder hat Anspruch auf alle in dieser Erklärung verkündeten Rechte und Freiheiten, ohne irgendeinen Unterschied, etwa nach Rasse, Hautfarbe, Geschlecht, Sprache, Religion, politischer oder sonstiger Anschauung, nationaler oder sozialer Herkunft, Vermögen, Geburt oder sonstigem Stand. Des Weiteren darf kein Unterschied gemacht werden auf Grund der politischen, rechtlichen oder internationalen Stellung des Landes oder Gebietes, dem eine Person angehört, gleichgültig ob dieses unabhängig ist, unter Treuhandschaft steht, keine Selbstregierung besitzt oder sonst in seiner Souveränität eingeschränkt ist.

Artikel 7:

Alle Menschen sind vor dem Gesetz gleich und haben ohne Unterschied Anspruch auf gleichen Schutz durch das Gesetz. Alle haben Anspruch auf gleichen Schutz gegen jede Diskriminierung, die gegen diese Erklärung verstößt, und gegen jede Aufhetzung zu einer derartigen Diskriminierung.

Die AEMR im Internet: bit.ly/K74z0o.

Auch die UN-Rassendiskriminierungskonvention (kurz: ICERD) sei hier erwähnt. Zu finden unter bit.ly/1kSrWAr.

Europäisches Recht

Auch europäische Bestimmungen und Richtlinien bauen auf der AEMR auf und fanden in den Gründungsverträgen der Europäischen Union ihren Niederschlag.

In den folgenden Dokumenten finden sich daher Passagen, die sich auf Gleichbehandlung und Antidiskriminierung beziehen:

- Europäischer Gründungsvertrag (EGV), Artikel 137/1 und Artikel 141 (Chancengleichheit am Arbeitsmarkt): bit.ly/Kt61QB
- EU-Richtlinie 2000/43 (Antidiskriminierung aufgrund von Rasse oder ethnischer Herkunft): bit.ly/Ld2Ax5
- EU-Richtlinie 2000/78 (Gleichbehandlung im Beruf): bit.ly/ LmoA57
- Charta der Grundrechte der Europäischen Union (Kapitel III): bit.ly/LZIukW

Österreichische Gesetzgebung

Die EU-Vorschriften wurden in Österreich in entsprechenden Passagen in der Bundesverfassung und im sogenannten Gleichbehandlungsgesetz (1979 und 2004) umgesetzt. Weitere Informationen zur österreichischen Rechtslage finden sich auf der Website des Bundeskanzleramtes: bit.ly/KI3wZp.

Die gesamte Rechtsvorschrift des Bundes-Gleichbehandlungsgesetzes findet sich unter bit.ly/KVylba.

ArbeitnehmerInnenschutzgesetz

Als Teil des Arbeitsrechts werden die Sicherheit und der Gesundheitsschutz am Arbeitsplatz in Österreich durch das ArbeitnehmerInnenschutzgesetz geregelt. Die aktuelle Fassung finden Sie hier: bit.ly/1cz7UY5.

Eine übersichtliche Zusammenfassung relevanter und aktueller ArbeitnehmerInnenschutzvorschriften finden sich auf den Seiten des Arbeitsinspektorats: bit.ly/1kSw5UX.

Weitere Diversity-Dimensionen

In diesem Buch haben wir uns mit den sechs Kerndimensionen von Diversity beschäftigt: Alter, Behinderung, Geschlecht, sexuelle Orientierungen, Ethnie und Religion. Wie bereits zu Beginn erwähnt, ist diesen Dimensionen eigen, dass sie im Laufe des Lebens nicht oder nur sehr schwer verändert werden können.

Hinzu kommt noch, dass in diesen Dimensionen die häufigsten Diskriminierungen stattfinden. Es ist kein Zufall, dass jede auch in der Allgemeinen Erklärung der Menschenrechte explizit angeführt wird. Und daher sind die Kerndimensionen auch im österreichischen Bundes-Gleichbehandlungsgesetz berücksichtigt.

Diese sechs Dimensionen bilden aber noch nicht alle Aspekte ab, welche die Vielfalt und die Unterschiedlichkeit von Menschen ausmachen. Eine gute Übersicht über die weiteren Aspekte bietet die „Diversity-Landkarte" (oft auch als „Diversity-Rad" bezeichnet), die von Lee Gardenswartz und Anita Rowe entwickelt wurde. Im Original heißt sie „Four Layers of Diversity" (vier Dimensionen von Diversity).

Diese sehr anschauliche Form der Darstellung aller Diversity-Aspekte wird am häufigsten verwendet. Auch die unterschiedlichen Differenzierungsmerkmale und die verschiedensten Gruppenzugehörigkeiten des Menschen in unserer Gesellschaft sind in diesem Modell gut erkennbar. Es zeigt aber auch, welch unterschiedlichen gesellschaftlichen Einflüssen die Persönlichkeit eines Menschen ausgesetzt ist.

Die Diversity-Landkarte ist in vier Dimensionenkreise (von innen nach außen) eingeteilt:
* Dimension Persönlichkeit (das Individuum)
* Innere (interne) Dimension (hier finden sich die sechs Kerndimensionen)
* Äußere (externe) Dimension (z. B. Einkommen, Ausbildung)
* Organisationsdimension (z. B. Arbeitsort, Zugehörigkeitsdauer in einem Unternehmen)

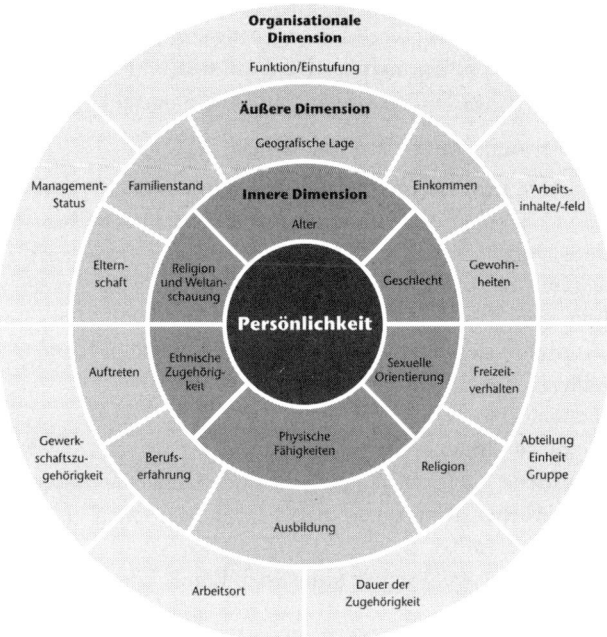

Modell der „Four Layers of Diversity" nach Gardenswartz und Rowe (Gardenswartz, L. u. Rowe, A.: Diverse Teams at Work; Society for Human Resource Management, 2002)

Die inneren, äußeren und Organisationsdimensionen hängen in dieser Reihenfolge voneinander ab. Das heißt beispielsweise, das eigene Alter (innere Dimension) ist nicht beeinflussbar, der Erfahrungshintergrund (äußere Dimension) verändert sich im Laufe des Lebens, die Arbeitsinhalte im Beruf (Organisationsdimension) ändern sich (meist) laufend.

Persönlichkeit (innerster Kreis)

Im Zentrum der Diversity-Landkarte finden wir die „Persönlichkeit". Darunter fallen alle Aspekte, alle persönlichen Charakteristika, die ein Individuum, eine Person ausmachen. Man könnte sie auch als

„persönlicher Stil" bezeichnen. Die Positionierung in der Mitte soll auch klarstellen, dass jeder Mensch einzigartig ist. Auch wenn man mit anderen Personen mehrere Dimensionen und Kategorien teilt, kann die jeweilige Situation dennoch völlig unterschiedlich sein.

Innere Dimensionen (zweiter Kreis)

Die „inneren Dimensionen" (oder „Kerndimensionen") können von einer Person, einem Individuum nicht oder relativ schwer verändert werden. Die Menschen unterscheiden sich also in gewissen Bereichen, ohne diese selbst verändern zu können. Die inneren oder Kerndimensionen sind Gegenstand des Diversity Managements und werden zudem in „sichtbar" bzw. „nicht sichtbar" unterteilt.

- Alter
- Geschlecht
- Sexuelle Orientierung
- Physische Fähigkeiten (gemeint sind damit alle geistigen und körperlichen Fähigkeiten; daher fallen Menschen mit Behinderung in diese Gruppe)
- Ethnische Zugehörigkeit (oder auch Ethnie oder ethnische Herkunft)
- Religion und Weltanschauung

Aufgrund ihrer Unveränderbarkeit haben diese Dimensionen den größten Einfluss auf Menschen und meist auch auf deren Möglichkeiten im Leben. Sie beeinflussen zudem, wie man selbst wahrnimmt und wie man von anderen wahrgenommen wird.

Wie erwähnt, finden hier die meisten Diskriminierungen und Ungleichstellungen statt. Daher werden diese Dimensionen z. B. in den österreichischen Gleichstellungsgesetzen und in den entsprechenden EU-Gesetzen maßgeblich berücksichtigt.

Äußere Dimensionen (dritter Kreis)

Gemeinsames Merkmal der „äußeren Dimensionen" ist deren Veränderbarkeit. Die äußeren Dimensionen entstehen für gewöhnlich durch Sozialisation, werden also stark vom Umfeld, in das man hineingeboren wird oder wo (wie) man aufwächst, beeinflusst. Durch eine bewusste, individuelle Entscheidung können sie aber (meistens) verändert werden.

Daher ist auch „Religion" nochmals im dritten Kreis angeführt, da diese eigentlich veränderbar wäre. Aber tatsächlich ist es in manchen Kulturen meist nicht möglich, die religiöse Überzeugung oder die Weltanschauung abzulegen oder zu verändern. Daher ist die stärkere Verortung in der inneren Dimension durchaus berechtigt.

Organisationale Dimensionen (vierter und äußerster Kreis)

Die „organisationalen Dimensionen" beziehen sich zu einem Großteil auf den Arbeitsalltag und auf die damit verbundene Zugehörigkeit zu einer bzw. innerhalb einer Organisation. Gleichzeitig sind sie für einen Menschen damit am ehesten zu verändern.

Zusammenfassung

Dieses Diversity-Modell erhebt natürlich keinen Anspruch auf Vollständigkeit und ist auch nicht sehr konkret. Aber es rückt die Individualität der Menschen in den Mittelpunkt. Und zeigt dabei, welche Gemeinsamkeiten, aber auch Gegensätzlichkeit Menschen dennoch aufweisen können. Darin liegt auch der große Vorteil dieses Modells: Es wird einiges aufgezeigt, was uns oft noch nicht bewusst ist. Das Wissen um diese „blinden Flecken" ermöglicht uns dann zu vermeiden, in Stereotypen oder Klischees zu denken.

Unternehmen können sich ebenfalls an diesem Modell orientieren, um herauszufinden, welche Dimensionen vielleicht für den Betrieb zutreffen und ob diese in die eigenen Diversity-Bemühungen einfließen sollten.

Quellen
Charta der Vielfalt/Deutschland: bit.ly/LgI7qu
Universität Wien: bit.ly/MBbeUU
Office of Human Resources, West Virginia University: bit.ly/NaekQz

Lexikon

AEMR = Abkürzung für „Allgemeine Erklärung der Menschenrechte", Menschenrechtsdeklaration der → UNO

Alltagsdiskriminierung/-rassismus = Benachteiligung im alltäglichen Umfeld (auch außerhalb des Berufslebens); beginnt bei AusländerInnen-Witzen, geht weiter über Graffitis an Hauswänden, offene Anfeindung auf der Straße, Benachteiligung bei Mietwohnungsvergabe bis hin zu Aufnahmeverbot in bestimmte Berufsgruppen und Ablehnung am Arbeitsmarkt

Alter = verschied. Definitionen; meist der Lebensabschnitt rund um die mittlere Lebenserwartung des Menschen, also das Lebensalter zwischen dem mittleren Erwachsenenalter und dem Tod

Antidiskriminierung = Vermeidung von → Diskriminierung

AusländerIn = in Österreich lebende Person ohne österreichische Staatsbürgerschaft

autochthon = einheimisch, eingeboren, alteingesessen („autochthone ÖsterreicherInnen")

AUVA = Allgemeine Unfallversicherungsanstalt. Die AUVA ist die soziale Unfallversicherung für 3,3 Millionen Erwerbstätige, 1,3 Millionen SchülerInnen und Studierende, zahlreiche freiwillige Hilfsorganisationen und LebensretterInnen in Österreich. Die AUVA erbringt zu den Versicherungsfällen „Arbeitsunfall" und „Berufskrankheit" folgende Leistungen: Prävention, Unfallheilbehandlung, Rehabilitation, Entschädigung.

Barrierefreiheit = Zugänglichkeit und Benutzbarkeit von Gebäuden, Informationen, Gegenständen, Medien und Einrichtungen. Diese sind so zu gestalten, dass sie von jedem Menschen unabhängig von einer eventuell vorhandenen Behinderung zugänglich sind und uneingeschränkt benutzt werden können.

Behinderung = Behinderung im Sinne des österreichischen Bundes-Behindertengleichstellungsgesetzes ist die *„Auswirkung einer nicht nur vorübergehenden körperlichen, geistigen oder psychischen Funktionsbeeinträchtigung oder Beeinträchtigung der Sinnesfunktionen, die geeignet ist, die Teilhabe am Leben in der Gesellschaft zu erschweren".* Als nicht nur vorübergehend gilt ein Zeitraum von mehr als voraussichtlich sechs Monaten.

Bisexualität = Interesse an Personen beiderlei Geschlechts hinsichtlich Emotion, Romantik, Liebe, Sexualität und allgemeiner Zuneigung

Chancengleichheit = Ansatz, der darauf abzielt, dass allen Geschlechtern die gleichen Chancen eingeräumt werden. Daher müssen die Rahmenbedingungen, die ein Geschlecht bevorzugen, verändert werden.

Community = Gemeinschaft (vgl. türkische Community), häufig verwendeter Begriff im Zusammenhang mit ethnischen Gruppen

CSD = „Christopher Street Day", Demonstration für gleiche Rechte für → LGBTI und gleichzeitig Gedenktag, der an die gewaltsame Niederschlagung der Proteste von Schwulen, Lesben und Transgenderpersonen in der Christopher Street (New York, USA) 1969 erinnert

Demografie = oder auch Bevölkerungswissenschaft. Die Demografie befasst sich statistisch mit der Entwicklung von Bevölkerungen und deren Strukturen. Untersucht werden die alters- und zahlenmäßige Gliederung, die geografische Verteilung sowie die Umwelt- und sozialen Faktoren, die für Veränderungen verantwortlich sind.

demografischer Wandel = Veränderung der Zusammensetzung der (Alters-)Struktur einer Gesellschaft. Das kann sowohl eine Bevölkerungszunahme als auch eine Bevölkerungsabnahme sein.

Dequalifizierungsspirale = Manche Unternehmen lassen älteren ArbeitnehmerInnen keine entsprechenden Aus- und Weiterbildungen mehr zukommen; diese bleiben Jüngeren vorbehalten. In der Folge werden ältere MitarbeiterInnen gegenüber jüngeren benachteiligt und aufs Abstellgleis geschoben (oder in Pension geschickt). Diese Unternehmen untergraben die eigene Wettbewerbsfähigkeit.

Diskriminierung = Menschenrechtsverletzung. Menschen werden aufgrund individueller oder gruppenspezifischer Merkmale von der Gesellschaft ausgegrenzt und es werden ihnen Rechte verweigert. Schon die → AEMR sagt aber, dass alle Menschen unabhängig von ihrer ethnischen Zugehörigkeit, ihrer Hautfarbe, ihrem Geschlecht, ihrer sexuellen Orientierung, ihrer Religion, ihrem Alter und ihrem Gesundheitszustand die gleichen Rechte haben. Diskriminierung kann sich unterschiedlich äußern, z. B. in nachteiliger Behandlung, in Unterscheidung, durch Ausschluss oder Einschränkung, aber auch durch Bevorzugung („positive Diskriminierung").

Einkommensschere = Bezeichnung für den Unterschied bei Löhnen und Gehältern zwischen Männern und Frauen für die gleiche Arbeit. Über die prozentuale Höhe dieses Unterschiedes gibt es geteilte Meinungen.

Equal Pay Day = jener Tag (in den letzten Jahren Anfang Oktober), ab dem Frauen statistisch gesehen im Gegensatz zu Männern bei gleicher Berufsausübung bis zum Ende des Jahres gratis arbeiten, während Männer bis zum Jahresende ihren Lohn erhalten → Gender Pay Gap

Ethnie = Gruppe von Menschen, die durch gemeinsame Geschichte, Kultur, Abstammung, Tradition und Sprache verbunden sind

Ethnizität = vom deutschen Soziologen Maximilian Weber (1864–1920) geprägter Begriff für das „*Konzept einer Gruppe von Menschen, welche sich durch den Glauben an gemeinsame Abstammung und Kultur konstituiert und so eine homogene Gruppenidentität bildet*"

Ethnozentrismus = bezeichnet die Voreingenommenheit einer Einzelperson gegenüber der eigenen Gruppe und beschreibt das Verhältnis zur eigenen ethnischen Gruppe

föderal = Als Föderalismus wird ein Verwaltungsprinzip bezeichnet, bei dem einzelne Organisationsteile eigenständig handeln können. Österreich ist mit seinen eigenständigen Bundesländern ein föderal(istisch) verwalteter Staat.

Frauenförderung = Darunter fallen Maßnahmen, die die gesellschaftliche Benachteiligung von Frauen verhindern und einen Ausgleich der Verhältnisse herbeiführen sollen. Eine Bevorzugung von Frauen z. B. bei gleicher Qualifikation oder Quotenregelungen sind dabei mögliche Maßnahmen.

GastarbeiterIn = ausländische Arbeitskraft. GastarbeiterInnen wurden seit den 1950ern nach Österreich geholt, um den heimischen Arbeitskräftemangel zu kompensieren.

Gender [ˈdʒɛndə] = wird im Deutschen für das soziale oder psychologische Geschlecht verwendet, im alltäglichen Sprachgebrauch auch für das biologische Geschlecht; im Englischen wird das Wort „sex" für das biologische Geschlecht verwendet

Gender Mainstreaming = Ansatz, der zu einer gesamtgesellschaftlichen Gleichstellung von Männern und Frauen führen soll. Dabei geht es darum, die unterschiedlichen Bedürfnisse und Lebensbedingungen von Frauen und Männern in alle Bereiche, Entscheidungen und Maßnahmen der Gesellschaft einzubeziehen. Die Folgen für Frauen und für Männer müssen vorab geklärt werden.

Gender Pay Gap = die Einkommensschere oder der geschlechtsspezifische Lohn- und Gehaltsunterschied (Einkommensunterschiede zwischen Männern und Frauen). Der → Equal Pay Day soll daran erinnern.

gläserne Decke = meist unsichtbare Barrieren, die einen beruflichen Aufstieg von Frauen (aber auch anderer benachteiligter Gruppen) verhindern

Gleichbehandlung = Diskriminierung soll generell über alle Dimensionen wie eben Geschlecht, Alter, Ethnie, sexuelle Orientierungen, Religion und physische Fähigkeiten in allen Handlungen vermieden werden.

Gleichstellungspolitik = Ziel ist es, die Diskriminierung von Frauen zu beseitigen. Dies soll zur → Chancengleichheit und einer gleichen Ressourcenverteilung führen.

halal = Lebensmittel, Produkte und Dienstleistungen, die den islamischen Glaubensgrundsätzen entsprechen (Gegenteil = haram)

Heterosexualität = Interesse an Personen des anderen Geschlechts hinsichtlich Emotion, Romantik, Liebe, Sexualität und allgemeiner Zuneigung

Homosexualität = Interesse an Personen des gleichen Geschlechts hinsichtlich Emotion, Romantik, Liebe, Sexualität und allgemeiner Zuneigung

Inklusion = Inklusion ist mehr als Integration. Sie anerkennt und bejaht das Individuum in seiner Ganzheit, in seiner Vielfalt und Verschiedenheit. Barrieren in der Gesellschaft sollen beseitigt werden. Das System (z. B. Gesellschaft) passt sich in diesen Fällen dem Menschen an.

Integration = Bei Integration geht es darum, den Menschen die bestmögliche Teilnahme am gesellschaftlichen Leben zu sichern. Der Mensch soll also ins System (z. B. Gesellschaft) integriert werden.

interkulturelle Kompetenz = Fähigkeit, sich anderer kultureller Prägungen bewusst zu sein und Menschen anderer Kulturen entsprechend zu begegnen

Intersexualität = Eigenschaft von Personen, die mit einer atypischen Entwicklung ihrer Geschlechtsorgane oder mit bestimmten genetischen Unregelmäßigkeiten geboren sind. Die Person kann dann nicht eindeutig dem weiblichen oder dem männlichen Geschlecht zugeordnet werden (auch Hermaphroditen, Herms, Zwitter). Die Sichtweise als „Krankheit" oder „Störung" wird oftmals abgelehnt.

koscher = Lebensmittel, die den jüdischen Glaubensgrundsätzen entsprechen (Gegenteil = treife)

Klischee = meist ein eingefahrenes Denkschema, sehr ähnlich dem → Stereotyp. Klischee, Stereotyp und → Vorurteil werden in der Umgangssprache oft synonym verwendet.

Lebensphasen = Stufen in der Entwicklung eines Menschen. Jede Lebensphase hat andere Bedürfnisse und bringt oft eine andere Lebenseinstellung mit sich.

LGBTI = Sammelbegriff für die englischen Ausdrücke „lesbian" (lesbisch), „gay" (schwul), „bi(sexual)" (bisexuell), „transgender" und „intersex"

MigrantIn = Als MigrantInnen werden Menschen bezeichnet, die selbst oder deren Eltern im Ausland geboren sind, unabhängig von ihrer eigenen Nationalität.

Migration = Verlagerung des Wohnortes und Lebensmittelpunktes in ein anderes Land

monotheistisch = Religion mit einer einzigen Gottesfigur

Outing = öffentliches Bekenntnis der sexuellen Orientierung

Pessachfest = eines der wichtigsten Feste im Judentum, das an den Auszug aus Ägypten erinnert

Pride/Gay Pride = Parade im Rahmen des → Christopher Street Day

Ramadan = islamischer Fastenmonat

Rot-Weiß-Rot-Karte = besondere Form des Aufenthaltstitels für Österreich, dient der geregelten Zuwanderung (hoch-)qualifizierter Arbeitskräfte

Säkularisierung/säkular = gesetzliche Trennung von Kirche und Staat

Selbstbestimmung = Menschen sollen Entscheidungen, die sie selbst betreffen, auch selbst bestimmen können – das bringt Unabhängigkeit. Dies gilt auch für Menschen mit Behinderung. Eine Hilfe zur Selbsthilfe soll/kann beigestellt werden.

sexuelle Orientierung = Interesse an Personen hinsichtlich Emotion, Romantik, Liebe, Sexualität und allgemeiner Zuneigung

Stereotyp = eine vorgefasste, schablonenhafte und/oder verallgemeinernde Meinung, meist eine andere Gruppe von Menschen betreffend. Etwas ist „Typisch!". Stereotyp, → Klischee und → Vorurteil werden in der Umgangssprache oft synonym verwendet.

Transgender = Menschen, die sich mit ihren äußeren Geschlechtsmerkmalen nicht identifizieren können und somit nicht die von der Gesellschaft erwartete Geschlechterrolle übernehmen möchten – oder einfach nicht können

Transsexualität = laut → WHO eine Form der Geschlechtsidentitätsstörung. Menschen, die körperlich eindeutig dem männlichen oder weiblichen Geschlecht zugeordnet werden können, empfinden sich als Angehörige des anderen Geschlechts und möchten dessen körperliche Geschlechtsmerkmale annehmen.

UN/UNO = Abkürzung für „United Nations" (UN) bzw. „United Nations Organization" (UNO), Vereinte Nationen

UN-Behindertenrechtskonvention = Kurztitel für „Übereinkommen über die Rechte von Menschen mit Behinderungen". Die UN-Behindertenrechtskonvention wurde 2006 von der UNO-Generalversammlung in New York verabschiedet und ist 2008 in Kraft getreten. In Österreich wurde sie am 26. Oktober 2008 ratifiziert.

Volksgruppe = in Österreich lebende österreichische StaatsbürgerInnen mit nichtdeutscher Muttersprache und eigenem Volkstum

Vorurteil = ein Urteil, das sich weder auf Wissen noch auf Erfahrung stützt. Vorurteil, → Stereotyp und → Klischee werden in der Umgangssprache oft synonym verwendet.

Weltanschauung = auf Erfahrungen, Empfinden und Wissen basierende persönliche Vorstellung, Wertung und Sicht der Dinge, der eigenen Rolle und der Gesellschaft

WHO = Abkürzung für „World Health Organization", Weltgesundheitsorganisation

Ein umfangreiches Lexikon zum Thema Arbeitssicherheit bzw. zu den wesentlichen Aspekten des ArbeitnehmerInnenschutzes finden Sie auf den Seiten der AUVA unter bit.ly/JKL5WA.

Über die AutorInnen

Sabine Seidler, geboren 1964, lebt in Wien und Villach. Nach dem Studium Pädagogik/Publizistik und Kommunikationswissenschaften dissertierte sie in der Studienrichtung Philosophie/Gruppendynamik an der Universität Klagenfurt und ließ sich in Heidelberg bei Fritz B. Simon zur Systemischen Organisationsberaterin ausbilden.

Seit 1997 ist sie Beraterin, Trainerin und Coach in der CONEC-TA – Wiener Schule der Organisationsberatung, Mitglied der ÖGGO, Assessorin in internationalen Development Centers und als langjährige Lehrbeauftragte tätig. Seit 2014 ist sie ausgebildete Qualitätsauditorin von Diversity-Management-Systemen. Neben der Gründung des BeraterInnen-Netzwerkes „Topos international" hat sie den Verein „StudentCOaching" mit aufgebaut. Im Rahmen von Rotary International engagiert sie sich für die Lebenskompetenzför-derung von Kindern und Jugendlichen.

Günter Horniak, geboren 1965, lebt in Wien. Nach dem Studium der Kommunikationswissenschaften/Pädagogik viele Jahre in einer großen österreichischen Bank tätig, vor allem im Bereich der inter-nen und externen Kommunikation.

Bereits ab 2007 für CSR (Corporate Social Responsibility) ver-antwortlich, baute er ab 2010 das Diversity Management auf. Neben Österreichs erster Menschenrechtsmatrix für eine Bank entwickelte er auch das „Neue Chance Konto", ein Konto gegen Diskriminie-rung, welches für den österreichischen Nachhaltigkeitspreis TRI-GOS nominiert wurde.

Im Jahr 2011 wurde Günter Horniak vom Magazin LEBENS-ART zu einem „Nachhaltigen Gestalter" gewählt. 2012 wechselte er an die Universität Wien, wo er ebenfalls für Nachhaltigkeit zustän-dig war. Seit 2014 unterrichtet er an der FH Campus Wien das The-ma Nachhaltigkeit im Studiengang Public Management. Autor von „Vielfalt bringt's! Diversity Management für Kleinunternehmen" (Facultas Verlag, 2012).